储气库注采工程关键技术

李 隽 刘建东 刘 翔 张 义 等编著

石油工业出版社

内容提要

本书详细介绍了储气库注采工程的关键技术，包括强注强采条件下井壁稳定性评价、完井方式优选与工艺参数设计、临界冲蚀流量优化、注采管柱优化设计和安全评估和井筒监测技术等。

本书可供从事储气库注采工程研究的工程技术人员和在校师生参考，也可供油田相关技术人员及管理人员参考。

图书在版编目（CIP）数据

储气库注采工程关键技术 / 李隽等编著 . —北京：石油工业出版社，2022.12

ISBN 978-7-5183-5797-0

Ⅰ. 储… Ⅱ. ①李… Ⅲ. ①地下储气–技术 Ⅳ. ① TE822

中国版本图书馆 CIP 数据核字（2022）第 234178 号

出版发行：石油工业出版社

（北京安定门外安华里 2 区 1 号　100011）

网　　址：www.petropub.com

编辑部：（010）64523760

图书营销中心：（010）64523633

经　销：全国新华书店

印　刷：北京中石油彩色印刷有限责任公司

2022 年 12 月第 1 版　2022 年 12 月第 1 次印刷
787×1092 毫米　开本：1/16　印张：10.75
字数：250 千字

定价：120.00 元
（如出现印装质量问题，我社图书营销中心负责调换）
版权所有，翻印必究

《储气库注采工程关键技术》
编写组

组　长： 李　隽

副组长： 刘建东　刘　翔　张　义

成　员： 刘　岩　王　云　丁建东　程　威　张广明

　　　　　张建军　师俊峰　熊春明　蒋卫东　赵瑞东

　　　　　赵捍军　赵志宏　金　娟　叶正荣　周　祥

　　　　　郭东红　曹光强　李　楠　王浩宇　贾　敏

　　　　　张喜顺　邓　峰　杨晓鹏　张潇文　伊　然

前　言

加快天然气储备能力建设是中国石油天然气集团有限公司落实党中央部署、履行社会责任、保障供气安全的重大举措。储气库是将天然气回注到枯竭油气藏中形成的人工气藏，一般采取夏注冬采，起到削峰填谷作用，是保障天然气安全稳定供应的重大民生工程。

我国储气库建设目标主要为复杂断块气藏，埋藏深、渗透性差、非均质性强，世界天然气联盟2018年度储气库报告认为："中国地质条件复杂，储气库规模建设在世界范围内最具挑战。"同时，与常规气井不同，储气库生产井具有大排量、周期性注采的特点，井筒工况复杂，采用常规气井采气工程技术和规程不能满足储气库长期安全可靠运行的需要，亟须形成成熟配套的注采工程技术体系。

完井方式、注采管柱、完整性监测是注采工程的三大抓手。合理的完井方式可以在储层物性差、压力系数低条件下，满足"强注强采"要求，确保井筒稳定性；注采管柱是地下储气库进行注采作业的唯一通道，也是控制储层流体的第一道安全屏障，可靠的管柱可以提高储气库的运行安全性和效率；完整性监测是掌握储气库运行动态的主要手段，为完整性评价提供必备的资料，科学的监测体系能够保证运行过程中及时发现隐患、采取措施，确保安全运行。

国内开展的注采工程研究与实践，对储气库的建设与运行发挥了重要作用，但是有些技术还不能完全适应同井注采的特点，存在四个方面的突出问题：（1）完井设计未充分考虑注采工况对井壁稳定性的影响，长期运行后存在地层出砂隐患，影响注采能力和气库达容；（2）管柱设计偏保守，限制注采能力和调峰能力；（3）已建储气库井环空带压比例高，免修期低于预期，安全隐患加剧，维护成本增加，尚未形成管柱安全评估与治理技术；（4）储气库监测参数不全，监测方法和仪器选用依据不明确，影响及时准确掌握生产动态和安全状况，亟须建立标准，规范监测工作。

中国石油勘探开发研究院针对注采工程存在的瓶颈技术问题，以中国石油天然气股份有限公司储气库重大科技专项为依托，开展"注采完井方式选择与工艺参数优化、注采能力及注采管柱结构优化、管柱失效机理与控制、井筒监测"四个方面研究，形成强注强采条件下井壁稳定性评价及完井工艺技术、注采管柱临界冲蚀流量优化技术、不同类型井管柱优化设计技术、注采管柱振动安全评估技术、"自修复"环空保护液、储气库井筒监测技术等注采工程关键技术系列和标准规范，为提升注采能力、延长注采井免修期、降低维护成本提供有力支撑，解决了困扰储气库井安全高效注采的工程技术难题。

"十三五"期间应用强注强采条件下井壁稳定性评价技术，在保证注采井不出砂、不异常出水的情况下，储气库生产井储层供应能力得到大幅提升。创建的复杂工况下临界冲蚀流量实验方法和多因素临界冲蚀系数图版，为管柱安全条件下注采能力的充分发挥提供了坚实的技术基础。不同类型井管柱优化设计技术、自修复环空保护液、环空压力处理流程等为延长注采井免修期、降低维护成本、保障井筒长期完整性提供了有力支撑。研究成果为建成储气库调峰能力 $100×10^8m^3$ 以上作出重要贡献，在季节调峰和应急保供中发挥了重要作用。

本书的编写工作由中国石油勘探开发研究院统一组织。第一章由刘建东等执笔；第二章由刘翔等执笔；第三章由李隽等执笔；第四章由刘岩等执笔；第五章由丁建东等执笔；第六章由张义等执笔；第七章由刘岩等执笔。全书由李隽负责审稿工作，由张建军、熊春明、蒋卫东、赵瑞东审定。

本书编写过程中得到中国石油华北油田公司、中国石油大港油田公司、中国石油新疆油田公司、中国石油西南油气田公司等多家单位的支持与帮助，得到李文阳教授的悉心指导、大力支持和帮助。值此书正式出版之际，谨向他们表示衷心的感谢。

由于笔者水平有限，书中难免存在不足之处，敬请读者批评指正！

目 录

第一章 强注强采条件下井壁稳定性评价技术 ………………………………………… 1
　第一节　注采工况下的井壁稳定性 ………………………………………………… 1
　第二节　强注强采对储层物性的影响 ……………………………………………… 16

第二章 注采井完井方式优选与工艺参数设计 ………………………………………… 24
　第一节　注采井完井方式优选 ……………………………………………………… 24
　第二节　完井工艺优化设计 ………………………………………………………… 33

第三章 注采管柱临界冲蚀流量优化技术 ……………………………………………… 43
　第一节　临界冲蚀流量测试实验方法 ……………………………………………… 43
　第二节　不同储气库临界冲蚀流量优化测试 ……………………………………… 46
　第三节　不同工况下临界冲蚀流速变化规律 ……………………………………… 49
　第四节　临界冲蚀流量取值模型构建及软件开发 ………………………………… 59

第四章 不同类型井管柱优化设计技术 ………………………………………………… 65
　第一节　合理注采管柱尺寸 ………………………………………………………… 65
　第二节　不同类型井管柱结构优化设计 …………………………………………… 67

第五章 注采管柱振动安全评估技术 …………………………………………………… 75
　第一节　注采管柱力学分析 ………………………………………………………… 75
　第二节　注采管柱振动失效机理 …………………………………………………… 90
　第三节　注采管柱安全分析及评估方法研究 ……………………………………… 103

第六章 "自修复"环空保护液 ………………………………………………………… 116
　第一节　储气库注采管柱腐蚀规律分析 …………………………………………… 116
　第二节　"自修复"环空保护液配方优化设计 …………………………………… 118
　第三节　"自修复"环空保护液性能评价 ………………………………………… 134
　第四节　"自修复"环空保护液现场应用 ………………………………………… 138

第七章　储气库井筒监测技术···142
　　第一节　监测项目···142
　　第二节　储气库注采井监测技术··144
　　第三节　环空压力监测及处理技术···152
参考文献···159

第一章　强注强采条件下井壁稳定性评价技术

储气库生产井具有大排量周期性注采的特点，井筒工况复杂，给注采工程提出了更大的挑战（雷群等，2022）。注采井长期大排量交替注采，生产压差变化幅度大，影响井壁稳定性。注采井生产初期一般不出砂，但是经过多周期大排量注采，岩石胶结强度下降，出砂风险增大。由于注采交替进行，对储层的物性也会造成一定的影响。因此从完井方式选择开始，就要充分考虑交替强注强采对岩石强度、注采能力的影响，研究强注强采条件下储层强度和物性变化，预测井壁稳定临界条件，以指导储气库井完井工艺参数优化设计，解决长期运行后存在井筒稳定性失效隐患的问题（刘翔等，2018）。

第一节　注采工况下的井壁稳定性

一、注采工况对储层岩石强度的影响

储气库注采井具有大排量周期性注采的特点，注采井长期大排量交替注采，生产压差变化幅度大，影响储层岩石强度。通过交变载荷条件下岩石实验，确定强度变化幅度，为储气库出砂预测提供依据。

1. 交变载荷条件下岩石强度实验

交变载荷条件下岩石强度变化一般采用抗压强度变化比例来描述，但是抗压强度变化比例没有考虑塑性变形的影响，因此引入了损伤量指标来定义交变载荷条件下岩石强度变化（隋义勇等，2019）。损伤量是交变载荷条件下井壁出砂的一个重要参数，同时考虑了抗压强度变化比例和塑性损伤。

（1）损伤量定义。

①考虑强度和塑性应变的定义。

如图 1-1-1 所示，体积应变和应力轴所围成的面积是应力和应变积分，损伤量定义为

$$D=(1-A_2/A_1)\times 100\% \qquad (1-1-1)$$

式中　D——损伤量，%；
　　　A_1——交变载荷前面积；
　　　A_2——交变载荷后面积。

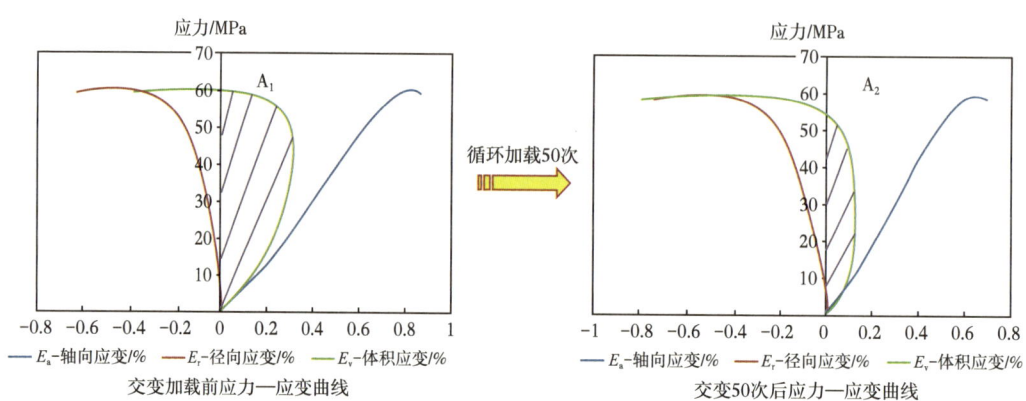

图 1-1-1 交变加载前后体积应变面积的变化

②只考虑塑性应变的定义。

考虑强度和塑性应变的实验方法需要破坏岩石，由于岩石损伤的主体是塑性变形，在岩心较少的情况下，可以应用只考虑塑性应变的定义方法，如图 1-1-2 所示。

$$D=(1-BC/AB)\times100\% \qquad (1-1-2)$$

式中　D——损伤量，%；

　　　AB——交变载荷前的塑性应变；

　　　BC——多次交变后的塑性应变。

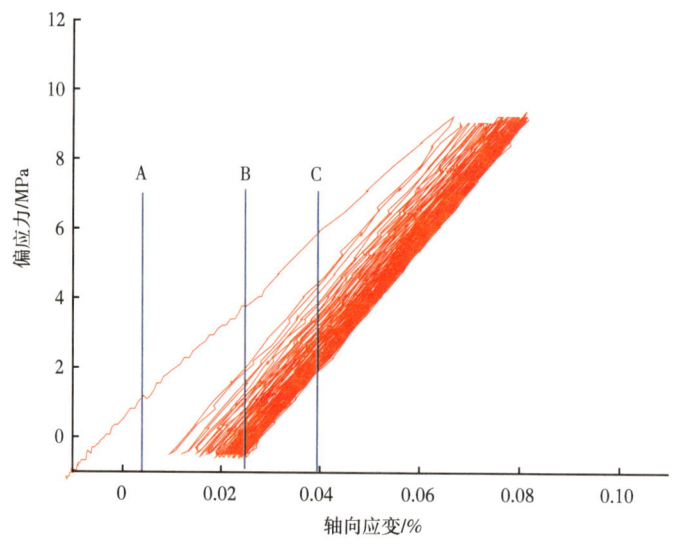

图 1-1-2 交变载荷加载过程中塑性应变的变化

（2）实验装置。

如图 1-1-3 所示，实验装置包括压力室、围压系统、孔隙压力系统、轴压系统、控制系统等。交变载荷通过轴压系统、围压系统和孔压系统施加，可加载三角波、正弦波和自定义波形。

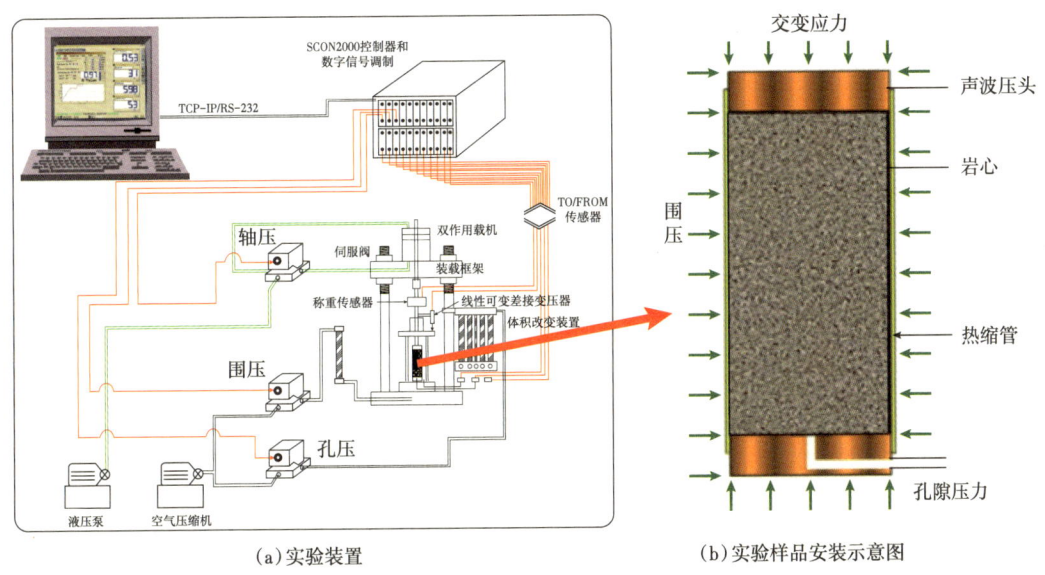

(a)实验装置　　　　　　　　　(b)实验样品安装示意图

图 1-1-3　交变加载实验装置和样品安装示意图

测量系统包括围压测量、孔压测量、轴向力测量、纵横波测量等各类子系统，传感器采集的数据传给采集系统和控制系统。

控制系统采用闭环控制，根据传感器反馈和设定，编程自动完成整个实验，只要程序正确，实验过程中不需实验人员介入，消除了操作带来的误差。采集系统自动采集数据，按程序和设定显示图形和数据，并可将保存在控制器中的数据传给计算机，以便存档和后面的分析。

（3）实验方法和流程。

实验所用岩心样品尺寸为 $\phi25\text{mm}\times50\text{mm}$，采用 LVDT 变形传感器测量岩心轴向及径向变形。取垂向有效应力作为围压，轴向施加交变载荷模拟注采过程压力变化，加载频率分别为 0.5Hz、0.1Hz、0.05Hz。采用三角波形式交变加载 50 次后对样品进行三轴压缩实验，直到样品破坏。具体实验流程如下：

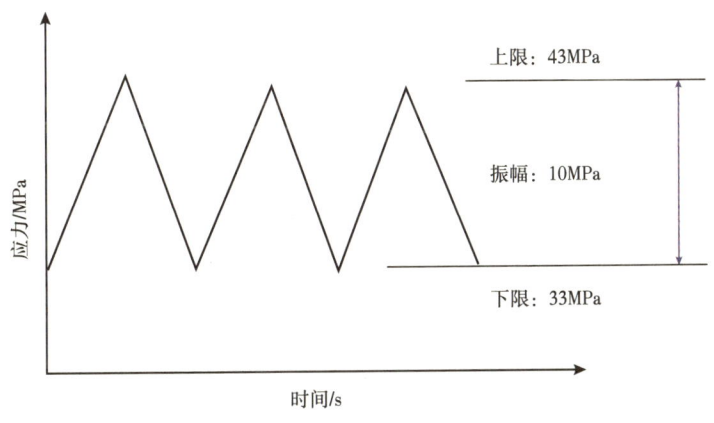

图 1-1-4　交变加载波形示意图

（1）样品安装：将岩心样品、变形传感器、上下压头连接好后放入压力室；

（2）加载围压：增加围压至储层有效垂向应力；

（3）施加轴向交变载荷：以三角波形式施加轴向交变载荷50次，上限压力为43MPa，下限压力33MPa，加载频率分别为0.5Hz、0.1Hz、0.05Hz；

（4）岩石三轴实验：交变50次后卸载轴压，开始常规三轴实验直至岩石破坏，记录并保存数据。

2. 交变载荷条件下岩石强度变化实验结果分析

交变载荷条件下岩石强度变化实验针对呼图壁储气库HUK18井，层位为Z22。实验条件下岩石损伤量见表1-1-1，交变加载实验结果如图1-1-5所示，交变载荷实验表明，呼图壁岩石损伤量在9.6%~12.3%之间。

表1-1-1　呼图壁交变载荷条件下岩石损伤量

井号	层位	编号	围压/MPa	轴压变化范围/MPa	循环次数	加载频率/Hz	损伤量/%
HUK18	Z22	A1	32	33~43	50	0.5	12.3
		A2				0.1	10.8
		A3				0.05	9.6

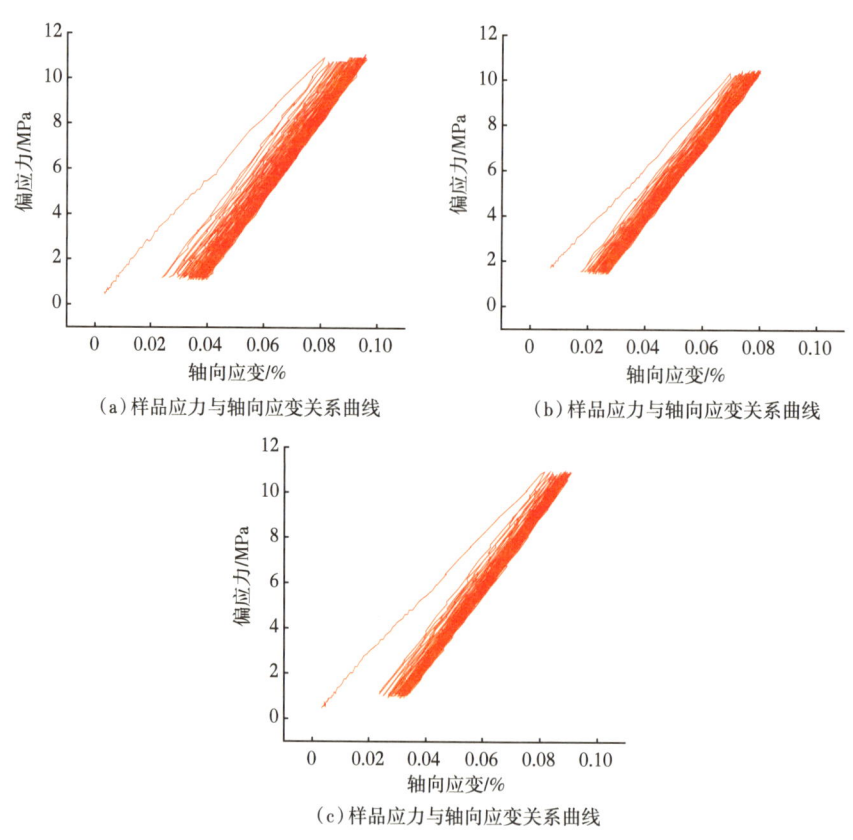

(a) 样品应力与轴向应变关系曲线
(b) 样品应力与轴向应变关系曲线
(c) 样品应力与轴向应变关系曲线

图1-1-5　交变加载实验结果

二、射孔和裸眼完井工况下的井壁稳定性

临界出砂压差是储气库注采井出砂研究中的关键问题。临界出砂压差影响储气库完井方式选择,对于出砂井完井时必须采取防砂措施,在生产过程中要控制生产压差处于临界出砂压差以下。生产压差越大,地层供应能力越强,但生产压差过大会引起产层出砂,因此调峰过程中要控制生产压差低于临界出砂压差(王泉等,2022)。目前储气库沿用采油(气)井临界出砂压差预测方法,主要选取抗张强度法、Mohr-Coulomb法等多种理论方法预测临界出砂压差,没有考虑储气库注采井承受交变载荷因素,也没有考虑地层塑性承载能力。

气井出砂机理主要包括地层剪切破坏和拉张破坏。剪切破坏是指射孔孔眼(或井壁)上应力集中超过地层抗剪强度时,地层发生剪切破坏,导致地层出砂。拉张破坏是指在射孔壁面(或井壁)上,径向应力和孔隙压力都等于井内流体压力,如果孔隙压力梯度大于径向应力梯度,有效径向应力变为负值,如果达到地层抗拉强度,地层发生拉张破坏,导致地层出砂。在大多数情况下,地层不容易产生拉张破坏,对于储气库临界出砂压差分析只考虑剪切破坏即可。另外,地层胶结遭到破坏也会导致出砂。

1. 裸眼完井工况下出砂模型

(1)地应力坐标系和井筒坐标系变换。

为了分析任一斜度井井壁上的应力分布,建立了如图1-1-6所示的地应力坐标系和井筒坐标系,目的是通过坐标变换,求得井筒坐标系下井壁应力分量,从而根据破坏准则,推导临界出砂压差。

图1-1-6(a)是地应力坐标系(x', y', z'),垂向主应力σ_v和z'平行,水平最大主应力和x'平行,水平最小主应力和y'平行。图1-1-6(b)是井筒坐标系(x, y, z),z轴和井轴平行,x轴沿着井轴在投影方向,y轴垂直与x轴和z轴。其中i为井斜角、α是井斜方位角、θ为沿着井筒(z轴)旋转的角。

地应力坐标系下,三向主应力坐标变换后得到井筒坐标系下的应力分量:

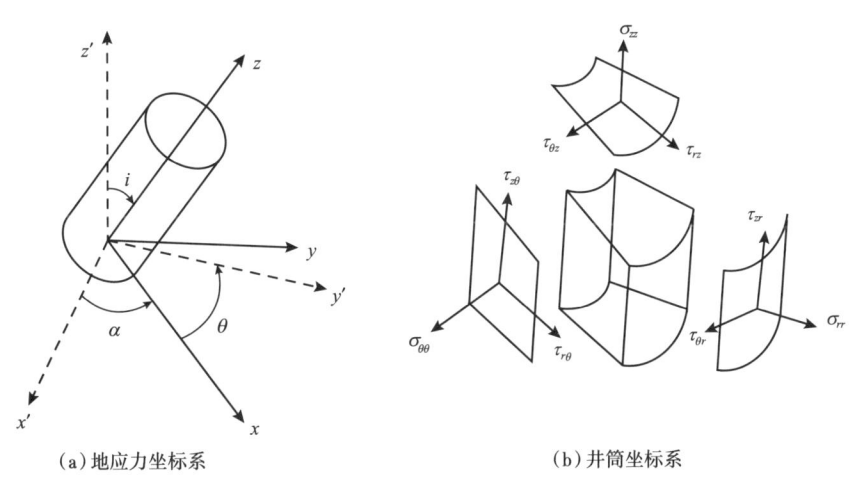

(a)地应力坐标系　　　(b)井筒坐标系

图1-1-6　地应力坐标系和井筒坐标系及井壁上应力分量

$$\sigma_{xx}^o = l_{xx'}^2 \sigma_H + l_{xy'}^2 \sigma_h + l_{xz'}^2 \sigma_v \tag{1-1-3}$$

$$\sigma_{yy}^o = l_{yx'}^2 \sigma_H + l_{yy'}^2 \sigma_h + l_{yz'}^2 \sigma_v \tag{1-1-4}$$

$$\sigma_{zz}^o = l_{zx'}^2 \sigma_H + l_{zy'}^2 \sigma_h + l_{zz'}^2 \sigma_v \tag{1-1-5}$$

$$\tau_{xy}^o = l_{xx'}l_{yx'} \sigma_H + l_{xy'}l_{yy'} \sigma_h + l_{xz'}l_{yz'} \sigma_v \tag{1-1-6}$$

$$\tau_{yz}^o = l_{yx'}l_{zx'} \sigma_H + l_{yy'}l_{zy'} \sigma_h + l_{yz'}l_{zz'} \sigma_v \tag{1-1-7}$$

$$\tau_{zx}^o = l_{zx'}l_{xx'} \sigma_H + l_{zy'}l_{xy'} \sigma_h + l_{zz'}l_{xz'} \sigma_v \tag{1-1-8}$$

其中：

$$l_{xx'} = \cos\alpha \cos i \quad l_{xy'} = \sin\alpha \cos i \quad l_{xz'} = -\sin i \tag{1-1-9}$$

$$l_{yx'} = -\sin\alpha \quad l_{yy'} = \cos\alpha \quad l_{yz'} = 0 \tag{1-1-10}$$

$$l_{zx'} = \cos\alpha \sin i \quad l_{zy'} = \sin\alpha \sin i \quad l_{zz'} = \cos i \tag{1-1-11}$$

（2）井壁附近应力。

在柱坐标系（r，θ，z）下，r 代表到井轴的距离，θ 为相对于 x 轴的夹角。沿着井轴方向距离井壁 r 的位置上各应力分量柱坐标系下表达式为

$$\sigma_{rr} = \frac{\sigma_{xx}^o + \sigma_{yy}^o}{2}\left(1 - \frac{R_w^2}{r^2}\right) + \frac{\sigma_{xx}^o - \sigma_{yy}^o}{2}\left(1 + 3\frac{R_w^4}{r^4} - 4\frac{R_w^2}{r^2}\right)\cos 2\theta + \\ \tau_{xy}^o\left(1 + 3\frac{R_w^4}{r^4} - 4\frac{R_w^2}{r^2}\right)\sin 2\theta + p_w \frac{R_w^2}{r^2} \tag{1-1-12}$$

$$\sigma_{\theta\theta} = \frac{\sigma_{xx}^o + \sigma_{yy}^o}{2}\left(1 + \frac{R_w^2}{r^2}\right) - \frac{\sigma_{xx}^o - \sigma_{yy}^o}{2}\left(1 + 3\frac{R_w^4}{r^4}\right)\cos 2\theta - \\ \tau_{xy}^o\left(1 + 3\frac{R_w^4}{r^4}\right)\sin 2\theta - p_w \frac{R_w^2}{r^2} \tag{1-1-13}$$

$$\sigma_{zz} = \sigma_{zz}^o - v_{fr}\left[2\left(\sigma_{xx}^o - \sigma_{yy}^o\right)\frac{R_w^2}{r^2}\cos 2\theta + 4\tau_{xy}^o \frac{R_w^2}{r^2}\sin 2\theta\right] \tag{1-1-14}$$

$$\tau_{r\theta} = \frac{\sigma_{yy}^o - \sigma_{xx}^o}{2}\left(1 - 3\frac{R_w^4}{r^4} + 2\frac{R_w^2}{r^2}\right)\sin 2\theta + \tau_{xy}^o\left(1 - 3\frac{R_w^4}{r^4} + 2\frac{R_w^2}{r^2}\right)\cos 2\theta \tag{1-1-15}$$

$$\tau_{\theta z} = \left(-\tau_{xz}^{o} \sin\theta + \tau_{yz}^{o} \cos\theta\right)\left(1 + \frac{R_w^2}{r^2}\right) \quad (1\text{-}1\text{-}16)$$

$$\tau_{rz} = \left(\tau_{xz}^{o} \cos\theta + \tau_{yz}^{o} \sin\theta\right)\left(1 - \frac{R_w^2}{r^2}\right) \quad (1\text{-}1\text{-}17)$$

式中　r——到井轴的距离，m；

　　　R_w——井筒半径，m；

　　　v_{fr}——泊松比；

　　　p_w——井内压力，MPa。

（3）井壁上的应力。

将 $r=R$ 代入式（1-1-12）至式（1-1-17），得到柱坐标系下井壁上的应力：

$$\sigma_{rr} = p_w \quad (1\text{-}1\text{-}18)$$

$$\sigma_{\theta\theta} = \sigma_{xx}^{o} + \sigma_{yy}^{o} - 2\left(\sigma_{xx}^{o} - \sigma_{yy}^{o}\right)\cos 2\theta - 4\tau_{xy}^{o}\sin 2\theta - p_w \quad (1\text{-}1\text{-}19)$$

$$\sigma_{zz} = \sigma_{zz}^{o} - v_{fr}\left[2\left(\sigma_{xx}^{o} - \sigma_{yy}^{o}\right)\cos 2\theta + 4\tau_{xy}^{o}\sin 2\theta\right] \quad (1\text{-}1\text{-}20)$$

$$\tau_{r\theta} = 0 \quad (1\text{-}1\text{-}21)$$

$$\tau_{\theta z} = 2\left(-\tau_{xz}^{o}\sin\theta + \tau_{yz}^{o}\cos\theta\right) \quad (1\text{-}1\text{-}22)$$

$$\tau_{rz} = 0 \quad (1\text{-}1\text{-}23)$$

（4）交变载荷条件下裸眼井临界出砂压差模型。

将式（1-1-18）和式（1-1-19）带入摩尔库伦准则式（1-1-24）中，得出裸眼井出砂分析模型。

$$\sigma_{\theta\theta} = C_0 - \sigma_{rr} \quad (1\text{-}1\text{-}24)$$

2. 射孔完井工况下出砂模型

在裸眼井出砂模型的基础上，考虑射孔：

$$p_d^c = (1 - v_{fr})(C_0 - 2\sigma_{is}') \quad (1\text{-}1\text{-}25)$$

考虑塑性和交变载荷，推导出：

$$p_d^c = A_1\left[s(1-D)C_0 - 2\sigma_{is}'\right] \quad (1\text{-}1\text{-}26)$$

式（1-1-26）即为交变载荷条件下出砂模型，p_d^c 为临界出砂压差。

式中　s——常数，当厚壁筒取外径 38mm，内径 12.6mm，$s=3.1$；

　　　C_{TWD}——厚壁筒破坏强度，可由厚壁筒压缩实验得到；

σ'_{is}——有效主应力组合表达式,水平井和直井表达式不同;

D——损伤量;

A_1——塑性常数,由实验确定。

(1)直井临界出砂压差。

①正应力状态($\sigma'_v > \sigma'_H > \sigma'_h$)。

$$p_d^c = A_1 [s(1-D)C_{TWD} - 3\sigma'_v + \sigma'_h] \qquad (1-1-27)$$

②走滑应力状态($\sigma'_H > \sigma'_v > \sigma'_h$)。

$$p_d^c = A_1 [s(1-D)C_{TWD} - 3\sigma'_H + \sigma'_v] \qquad (1-1-28)$$

(2)水平井临界出砂压差。

①正应力状态($\sigma'_v > \sigma'_H > \sigma'_h$)。

$$p_d^c = A_1 [s(1-D)C_{TWD} - 3\sigma'_v + \sigma'_h] \qquad (1-1-29)$$

②走滑应力状态($\sigma'_H > \sigma'_v > \sigma'_h$)。

$$p_d^c = A_1 [s(1-D)C_{TWD} - 3\sigma'_H + \sigma'_h] \qquad (1-1-30)$$

三、井壁稳定性分析与应用

以新疆呼图壁储气库为例,应用新的临界出砂模型,通过分析临界出砂压差,结合边水控制确定临界生产压差,并开展提压实验。

1. 呼图壁储气库现状

呼图壁储气库具备北疆环网季节调峰和西气东输二线应急储备双重功能,设计工作气量 $45.1 \times 10^8 m^3$,截至 2016 年 9 月已完钻新井 37 口,季节调峰最大采气能力 $1900 \times 10^4 m^3/d$,应急生产最大处理能力 $2800 \times 10^4 m^3/d$。

2. 基础参数

(1)地应力数值。

应用凯瑟效应法测试了呼图壁储气库 HUK18 井地应力数值。测试结果(表 1-1-2、图 1-1-7 至图 1-1-14)表明,呼图壁储气库处于走滑地应力状态,水平最大主应力梯度平均为 0.026MPa/m,水平最小主应力梯度平均为 0.020MPa/m,垂向应力梯度平均为 0.023MPa/m。储气库储层深度约 3500m,则水平最大主应力平均为 91MPa,水平最小主应力平均为 70MPa,垂向应力平均为 81MPa。

表 1-1-2 HUK18 井地应力测试结果

井号	层位	深度/m	围压/MPa	水平最大主应力梯度/(MPa/m)	水平最小主应力梯度/(MPa/m)	垂向应力梯度/(MPa/m)
HUK18	Z_2^1	3557.7	20	0.026	0.019	0.022
	Z_2^2	3574.1	40	0.026	0.021	0.023

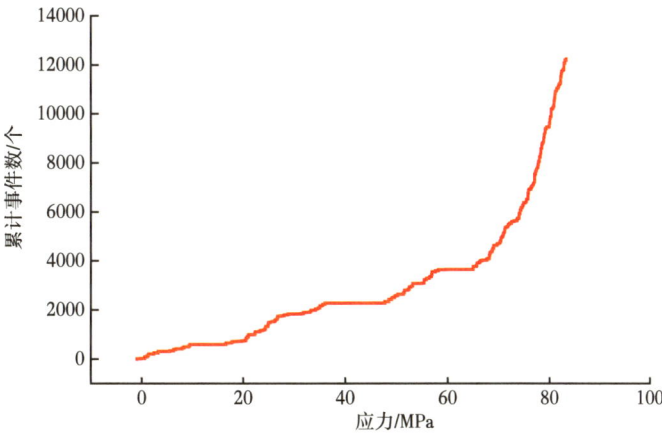

图 1-1-7　编号 B0 样品声发射 Kaiser 效应事件数与应力关系曲线

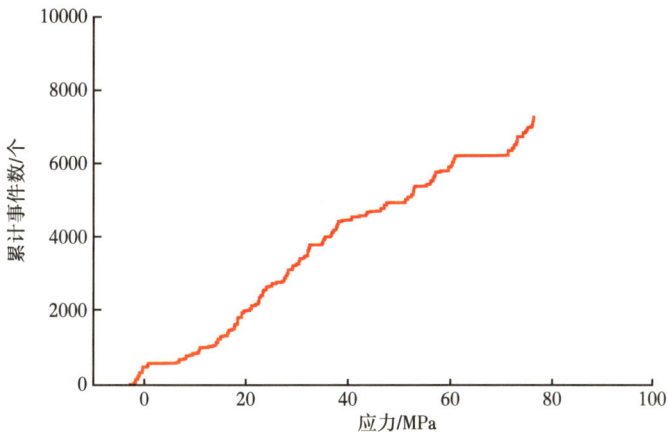

图 1-1-8　编号 B45 样品声发射 Kaiser 效应事件数与应力关系曲线

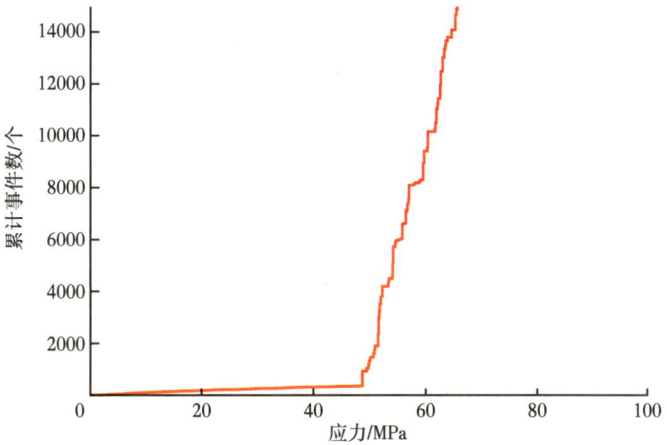

图 1-1-9　编号 B90 样品声发射 Kaiser 效应事件数与应力关系曲线

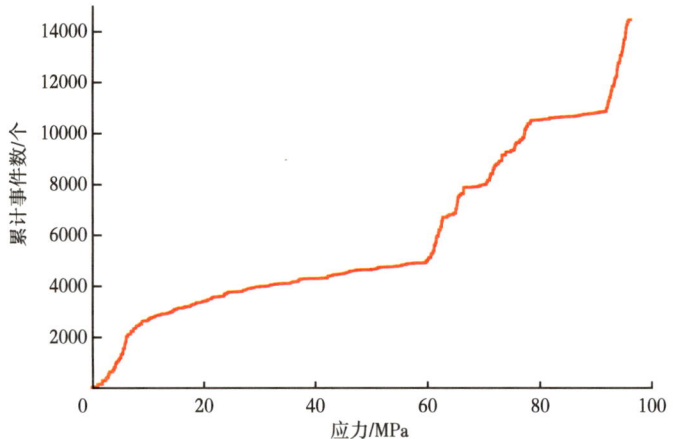

图1-1-10 编号BH样品声发射Kaiser效应事件数与应力关系曲线

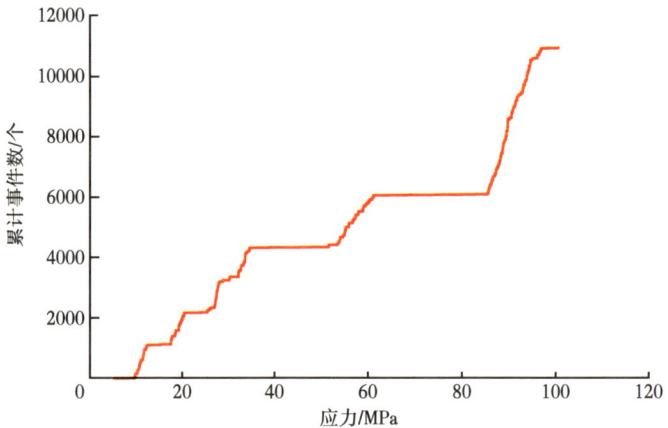

图1-1-11 编号A0样品声发射Kaiser效应事件数与应力关系曲线

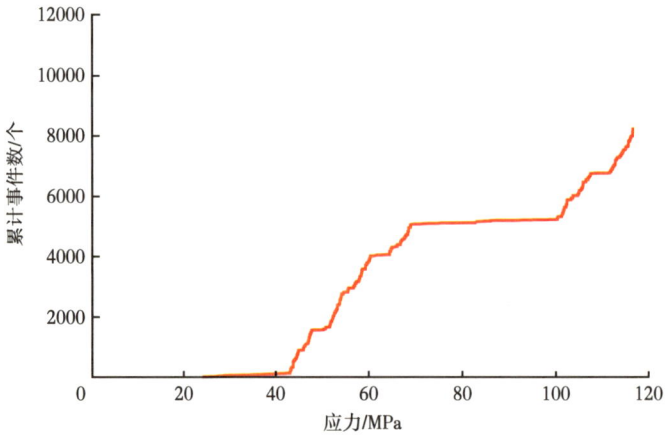

图1-1-12 编号A45样品声发射Kaiser效应事件数与应力关系曲线

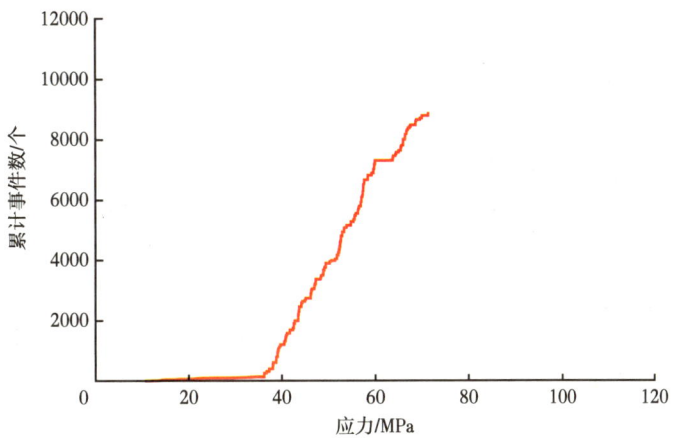

图 1-1-13 编号 A90 样品声发射 Kaiser 效应事件数与应力关系曲线

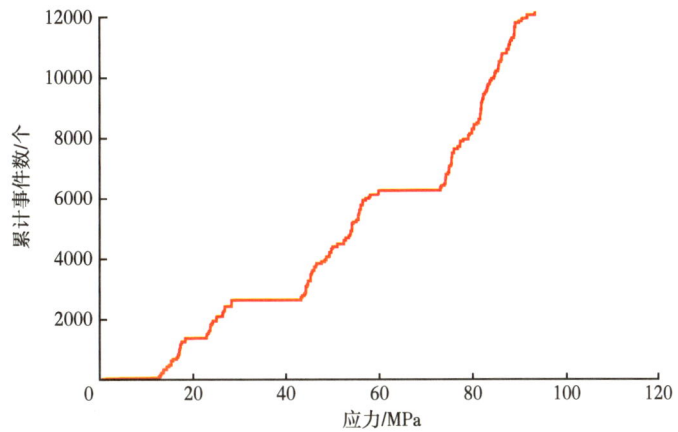

图 1-1-14 编号 AH 样品声发射 Kaiser 效应事件数与应力关系曲线

（2）厚壁筒强度（C_{TWD}）。

C_{TWD} 是射孔孔眼失效强度，可用厚壁筒实验确定。将钻有同心圆的岩心装在如图 1-1-15 所示的压力室内，加上与地层水平最大主应力相同的轴向压力，然后加载围压，直至岩石发生破坏，测试结果如图 1-1-16 和图 1-1-17 所示，C_{TWD} 最小值约为 70MPa，平均约为 73MPa。

（3）损伤量（D）。

实验采用呼图壁 HUK18 井岩心，层位 Z22 开展交变载荷条件下岩石强度变化实验。岩石损伤量在 9.6%~12.3% 之间。交变次数为 50 次，交变频率为 0.1Hz。呼图壁储气库运行压力上限为 34MPa，下限为 18MPa，振幅为 16MPa。呼图壁储气库交变载荷实验表明，岩石损伤量在 9.6%~12.3% 之间，平均为 10.9%（表 1-1-1）。

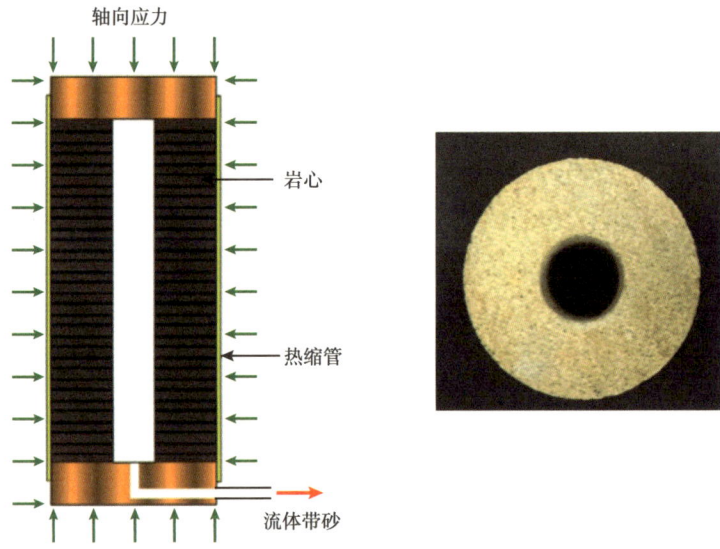

图 1-1-15　厚壁筒实验示意图

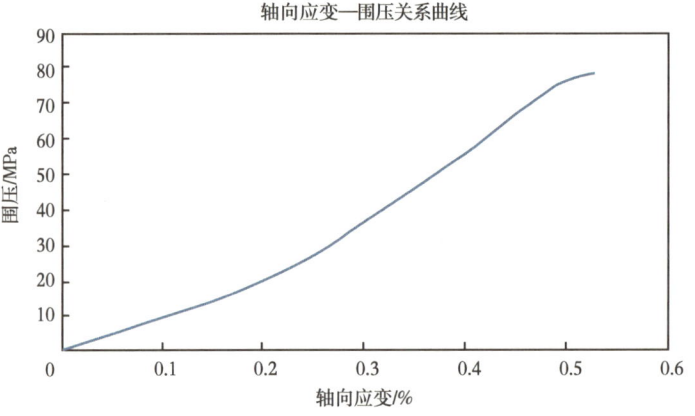

图 1-1-16　1# 样品 C_{TWD} =75MPa

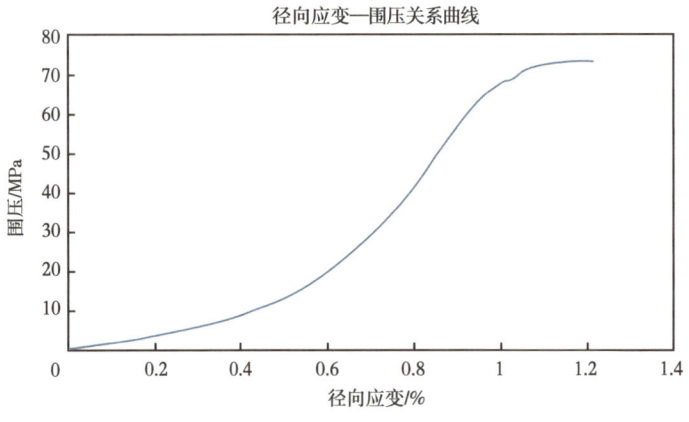

图 1-1-17　3# 样品 C_{TWD} =70MPa

3. 计算结果分析

呼图壁储气库为走滑应力状态，因此计算临界出砂压差选择式（1-1-26）计算，式中 σ_v=81MPa，σ_H=91MPa，σ_h=70MPa。呼图壁储气库运行压力（p_o）上限为34MPa，下限为18MPa。$\sigma_H'=\sigma_H-p$，$\sigma_h'=\sigma_h-p$，$\sigma_v'=\sigma_v$。D=0.13，A_1=3.2，$C_{TWD}'= C_{TWD}-p_o$（C_{TWD}=70，选择最小值）。

计算的临界出砂压差最小值是在储气库下限压力运行时，即 p_o=18MPa，临界出砂压差 p_d^c=7.2MPa，储气库压力高于下限压力时，p_d^c＞7.2MPa，因此选择 p_d^c=7.2MPa 为模型计算临界出砂压差。

表1-1-3 储气库不同运行压力下临界出砂压差分析计算（p_d^c）

p_o	σ_v	σ_H	σ_h	σ_v'	σ_H'	σ_h'	C_{TWD}'	D	p_d^c
18	81	91	70	81	73	52	52	0.13	7.2
19	81	91	70	81	72	51	51	0.13	8.2
20	81	91	70	81	71	50	50	0.13	9.1
21	81	91	70	81	70	49	49	0.13	10.1
22	81	91	70	81	69	48	48	0.13	11.1
23	81	91	70	81	68	47	47	0.13	12.0
24	81	91	70	81	67	46	46	0.13	13.0
25	81	91	70	81	66	45	45	0.13	14.0
26	81	91	70	81	65	44	44	0.13	14.9
27	81	91	70	81	64	43	43	0.13	15.9
28	81	91	70	81	63	42	42	0.13	16.9
29	81	91	70	81	62	41	41	0.13	17.8
30	81	91	70	81	61	40	40	0.13	18.8
31	81	91	70	81	60	39	39	0.13	19.8
32	81	91	70	81	59	38	38	0.13	20.8
33	81	91	70	81	58	37	37	0.13	21.7
34	81	91	70	81	57	36	36	0.13	22.7

4. 交变载荷条件下出砂模型室内实验验证

室内采用出砂模拟实验验证新模型的可靠性。实验设备和图1-1-3类似，将轴向应力改为交变应力，来模拟储气库注采特点。采用38mm外径岩样，在样品截面中心钻一个12.6mm的同心孔眼，模拟射孔孔眼。在岩心上部和下部的压头里各封装一个纵波传晶体和一个横波晶体。增加围压，当射孔孔眼内出砂后，纵波探头能够接收到声发射信号，探头将信号传给声发射仪并进行处理，调整合适的门槛，滤掉环境背景噪声，以便接收到由出砂引起的声发射信号。绘制横轴为应力、纵轴为累计声发射事件图，累计声发射事件突然增多的点称为"起飞点"，对应的应力值为临界出砂压差。

实验采用 HUK18 井样品，三个样品（T1、T2、T3）的临界出砂值分别为 6.54MPa、6.50MPa、6.74MPa，图 1-1-19 为实验后孔眼出砂情况。根据射孔井出砂模型计算呼图壁储气库临界出砂生产压差 7.2MPa，出砂模型计算与模拟实验对比误差小于 5%。

综合考虑计算模型和出砂模拟实验，确定呼图壁储气库临界出砂压差为 6.5MPa。

T1 样品实验前后照片
左为实验前，右为实验后

T3 样品实验前后照片
左为实验前，右为实验后

图 1-1-18　样品实验前后对比

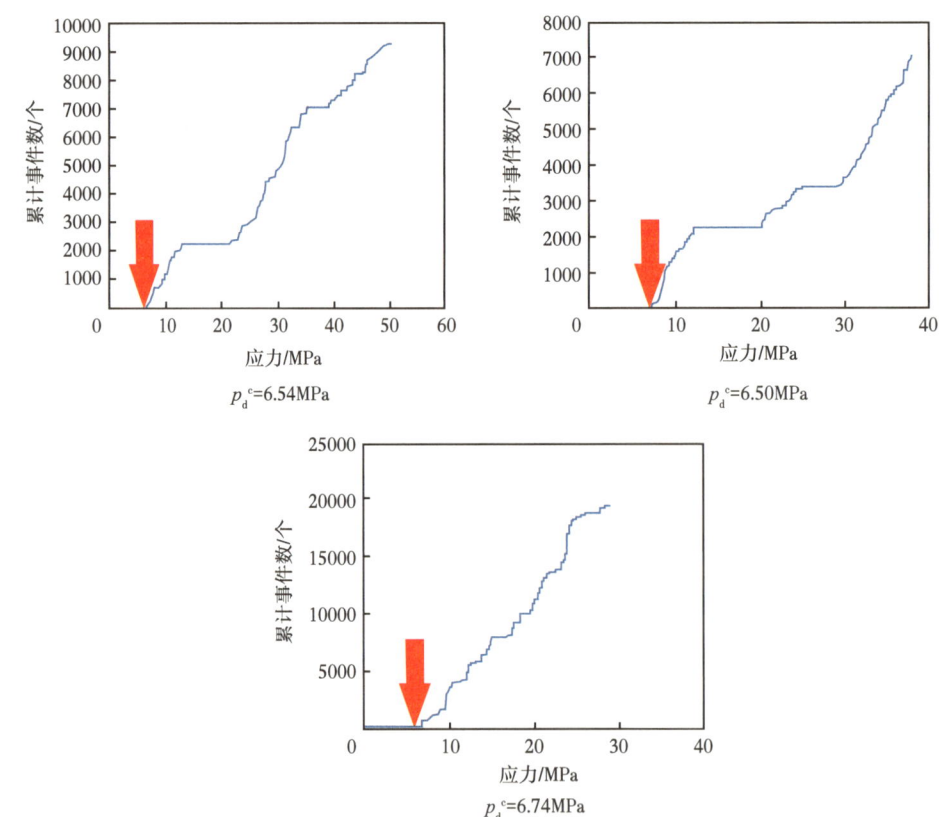

p_d^c=6.54MPa

p_d^c=6.50MPa

p_d^c=6.74MPa

图 1-1-19　HUK18 井 T1、T2、T3 样品临界出砂压差

5. 现场提压实验

为避免水侵造成库容损失及速敏出砂风险，储气库初期将生产压差边部井控制在

3MPa 以下，其他井控制在 3.5MPa 以下。应用新模型和室内模拟实验确定呼图壁储气库临界出砂压差为 6.5MPa，取安全系数 0.95，最大生产压差可取 6.2~6.3MPa，目前设计最大生产压差仅为 3.5MPa，存在较大提升空间。在研究成果的指导下，2016—2017 年呼图壁开展了 21 口井提高生产压差现场试验，综合考虑边水和临界出砂压差，Ⅰ类井控制在 4.0MPa 以内，Ⅱ类井在 5.5MPa 以内，日调峰能力增加 $220×10^4 m^3$，无出砂和异常出水，详见表 1-1-4。

表 1-1-4 呼图壁储气库提高生产压差试验

序号	井号	提前压差/MPa	提后压差/MPa	序号	井号	提前压差/MPa	提后压差/MPa
1	HUK1	3.5	4.1	12	HUK18	3.5	4.6
2	HUK5	3	5.7	13	HUK19	3.5	3.8
3	HUK6	2.9	3.6	14	HUK20	3.5	6.2
4	HUK7	3.5	4.2	15	HUK21	3.5	4.5
5	HUK8	3.5	5.5	16	HUK22	2.9	6.2
6	HUK9	3.5	5.4	17	HUK23	3.5	5.6
7	HUK13	2.8	5.2	18	HUK25	3.5	4.5
8	HUK14	2.6	6.2	19	HUK26	3	5.8
9	HUK15	3	4.2	20	HUK29	1.7	4
10	HUK16	1.3	4.4	21	HUHWK2	1.8	2.5
11	HUK17	3.5	4.7				

6. 讨论与思考

（1）注采井承受交变载荷对临界出砂压差计算有很大影响。图 1-1-20 为损伤量对临界出砂压差影响图，其他参数不变，随着损伤量的增加，临界出砂压差直线下降，直至无临界出砂压差。损伤量和岩石结构及交变载荷频率和次数相关。

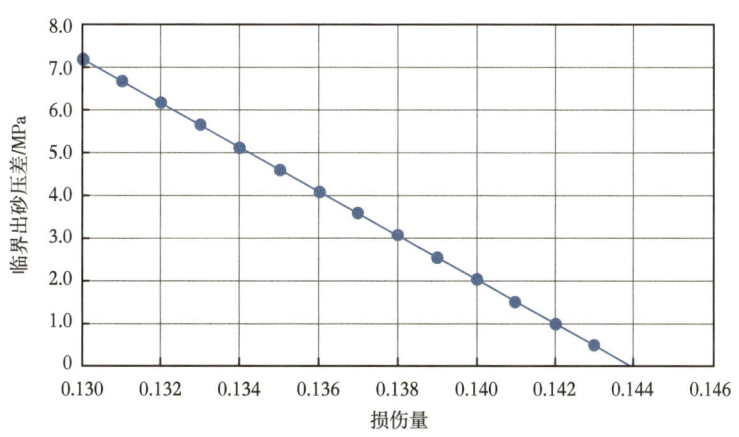

图 1-1-20 损伤量对临界出砂压差的影响

（2）地层塑性常数对临界出砂压差也有很大影响。图 1-1-21 为塑性常数对临界出砂压差影响图，其他参数不变，随着塑性的增加，临界出砂压差直线上升。塑性可以缓解地层出砂，即载荷超过地层弹性承载能力后依然有承载的能力。

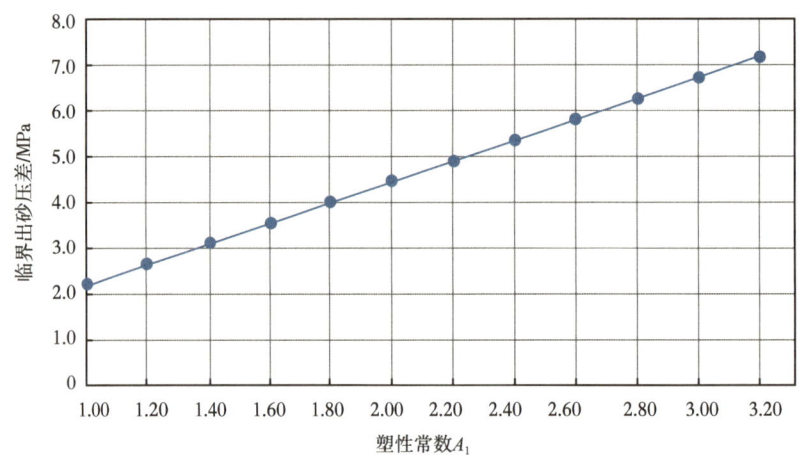

图 1-1-21　塑性常数对临界出砂压差的影响

（3）对于呼图壁储气库，考虑交变载荷计算的临界出砂压差应该低于未考虑交变载荷的常规模型，然而考虑塑性刚好相反，两者共同作用使得新模型较老模型预测的出砂压差要高，使得呼图壁储气库具有加大生产压差、提高日调峰能力的潜力。

第二节　强注强采对储层物性的影响

一、强注强采对储层物性影响的物理模拟

1. 交变载荷条件下孔渗联测系统

交变载荷条件下孔渗联测系统是在三轴载荷条件下、通过设定频率、振幅和压力上下限、周期性的变化孔隙压力、围压和轴压工况来测试渗透率、孔隙度、声波、应力和应变的变化。如图 1-2-1 所示，渗透率变化通过声波测量装置测量，渗透率通过上游和下游压差及流量计算。交变载荷通过轴压系统、围压系统和孔压系统施加，可加载三角波、正弦波和自定义波形。

测量系统包括围压测量、孔压测量、轴向力测量、纵横波测量、孔隙度测量、渗透率测量等各类子系统，传感器采集的数据传给采集系统和控制系统。

控制系统采用闭环控制，根据传感器反馈和设定，编程自动完成整个实验，只要程序正确，实验过程中不需实验人员介入，消除了操作带来的误差。采集系统自动采集数据，按程序和设定显示图形和数据，并可将保存在控制器中的数据传给计算机，以便存档和后面的分析。

2. 交变载荷条件下孔隙度和渗透率联测实验方法和流程

实验所用岩心样品尺寸为 $\phi 25\text{mm} \times 50\text{mm}$，采用 LVDT 变形传感器测量岩心轴向及径

向变形。取垂向有效应力作为围压,轴向施加交变载荷模拟注采过程压力变化,加载频率分别为:0.5Hz、0.1Hz、0.05Hz,采用三角波形式交变加载50次后对样品进行三轴压缩实验,直到样品破坏。具体实验流程如下。

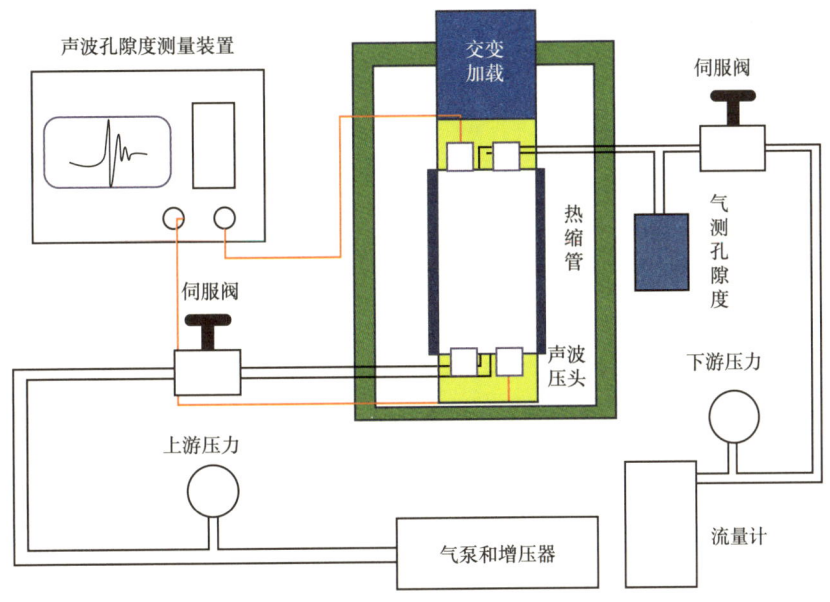

图 1-2-1　交变载荷条件下孔隙度和渗透率联合测试系统

(1)样品安装:将岩心样品、变形传感器、上下压头连接好后放入压力室;
(2)加载围压:增加围压至储层有效垂向应力;
(3)施加轴向交变载荷:以三角波形式施加轴向交变载荷50次,上限压力为43MPa,下限压力33MPa,加载频率分别为0.1Hz(图1-2-2);
(4)交变载荷条件下,每交变5次测量一个渗透率和孔隙度;
(5)岩石三轴实验:交变45次后卸载轴压,开始常规三轴实验直至岩石破坏,记录并保存数据。

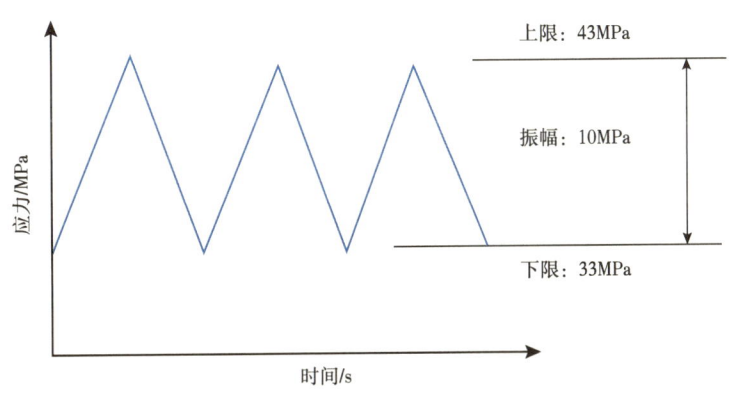

图 1-2-2　交变加载波形示意图

3. 交变载荷条件下孔隙度和渗透率变化测试结果

由于钻井取心数量不足，本次实验采用和呼图壁储层相对应的露头岩心，共测试24块样品，其中12块用于孔隙度测量，12块用于渗透率测量。

表1-2-1和图1-2-3为交变加载条件下孔隙度变化测量成果，在振幅16MPa条件下，交变45次后孔隙度平均下降10%。表1-2-2和图1-2-4为交变加载条件下渗透率变化测量成果，在振幅16MPa条件下，交变45次后渗透率平均下降22.8%。在相同条件，渗透率下降幅度高于孔隙度下降幅度。

表1-2-1　交变载荷条件下孔隙度变化（归一化处理）

交变次数（次）	Y1	Y2	Y3	Y4	Y5	Y6	Y7	Y8	Y9	Y10	Y11	Y12
0	1.00	1.00	1.00	1.00	1.00	1.00	1.00	1.00	1.00	1.00	1.00	1.00
5.00	0.98	0.98	0.98	0.98	0.98	0.98	0.98	0.98	0.99	0.98	0.98	0.97
10.00	0.97	0.96	0.97	0.95	0.97	0.96	0.97	0.96	0.95	0.96	0.95	0.96
15.00	0.95	0.96	0.95	0.95	0.95	0.95	0.95	0.95	0.95	0.94	0.93	0.95
20.00	0.94	0.95	0.94	0.94	0.94	0.94	0.94	0.94	0.94	0.92	0.92	0.93
25.00	0.93	0.94	0.93	0.93	0.93	0.93	0.93	0.93	0.93	0.92	0.91	0.94
30.00	0.92	0.93	0.92	0.92	0.92	0.93	0.92	0.92	0.91	0.91	0.90	0.92
35.00	0.92	0.92	0.92	0.92	0.91	0.92	0.91	0.91	0.91	0.90	0.89	0.91
40.00	0.92	0.91	0.91	0.91	0.89	0.92	0.90	0.90	0.90	0.90	0.89	0.90
45.00	0.92	0.91	0.90	0.89	0.90	0.90	0.89	0.89	0.90	0.89	0.89	0.90

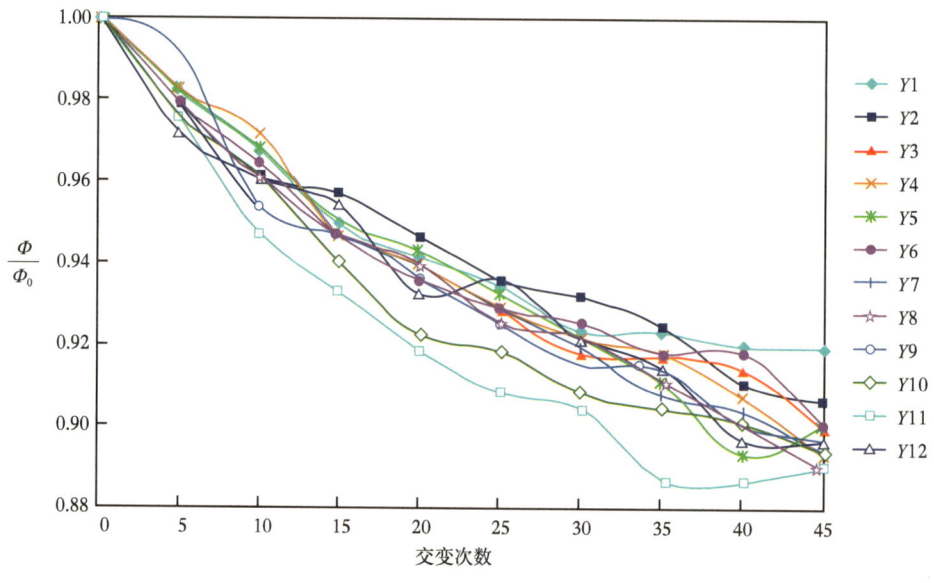

图1-2-3　交变加载条件下孔隙度变化

表 1-2-2　交变载荷条件下渗透率变化（归一化处理）

交变次数	Y13	Y14	Y15	Y16	Y17	Y18	Y19	Y20	Y21	Y22	Y25	Y24
0	1.00	1.00	1.00	1.00	1.00	1.00	1.00	1.00	1.00	1.00	1.00	1.00
5.00	0.95	0.94	0.94	0.94	0.95	0.94	0.95	0.94	0.98	0.93	0.93	0.92
10.00	0.90	0.89	0.91	0.87	0.91	0.90	0.92	0.89	0.87	0.89	0.85	0.89
15.00	0.85	0.88	0.87	0.85	0.86	0.85	0.85	0.85	0.85	0.83	0.81	0.87
20.00	0.83	0.85	0.82	0.83	0.84	0.82	0.83	0.83	0.82	0.78	0.78	0.81
25.00	0.82	0.82	0.80	0.80	0.81	0.80	0.80	0.79	0.79	0.78	0.75	0.82
30.00	0.79	0.81	0.77	0.78	0.78	0.79	0.78	0.78	0.77	0.75	0.74	0.78
35.00	0.79	0.79	0.77	0.77	0.76	0.77	0.75	0.76	0.77	0.74	0.70	0.76
40.00	0.78	0.75	0.76	0.75	0.71	0.77	0.74	0.73	0.73	0.73	0.70	0.72
45.00	0.78	0.75	0.73	0.71	0.73	0.73	0.71	0.70	0.72	0.71	0.71	0.72

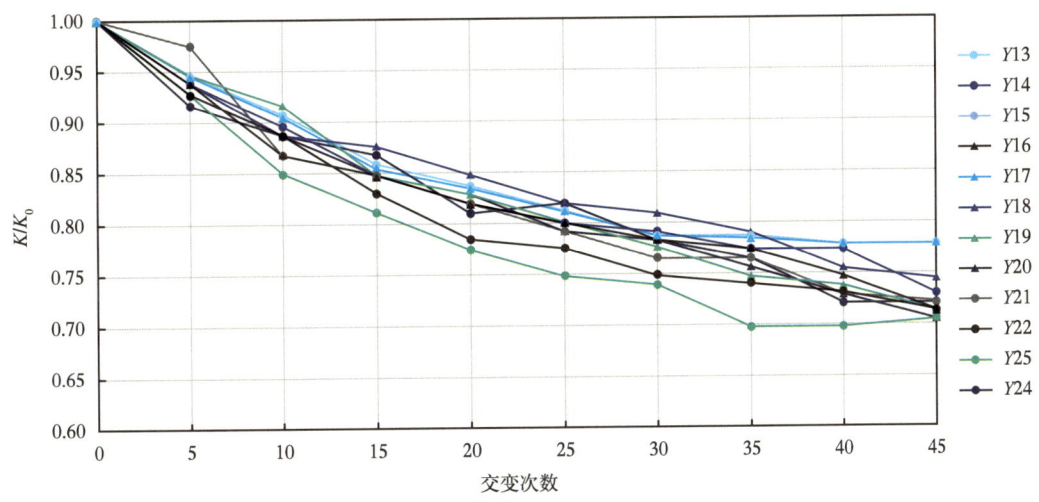

图 1-2-4　交变加载条件下渗透率变化

二、渗透率和孔隙度变化理论模型

上述实验结果表明，随着交变次数的增加孔隙度和渗透率发生变化。根据疲劳理论，推导渗透率和孔隙度变化模型，并根据实验求取模型中的待定参数。

1. 交变载荷孔渗变化微观机理

岩石在承受交变载荷条件下，由于岩石颗粒移动引起的排列变化和紧凑充填，使得孔隙度和渗透率发生变化，甚至引起岩石疲劳破坏。与交变载荷条件下疲劳破坏机理类似，可以和疲劳破坏裂纹扩展规律类比（图 1-2-5）。

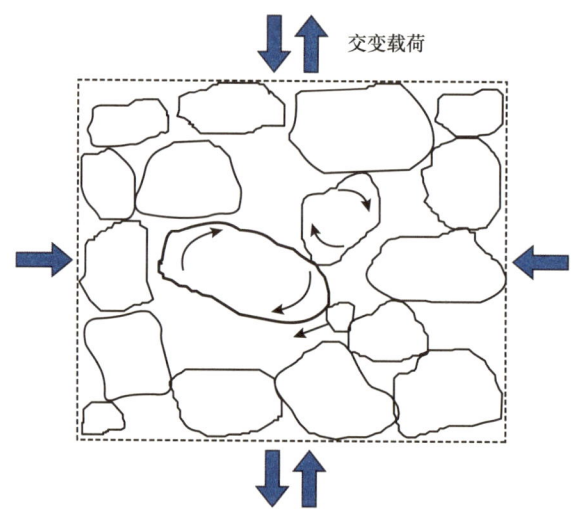

图 1-2-5 交变载荷孔渗变化微观机理示意图

2. 交变载荷孔隙度变化理论模型

根据疲劳破坏理论

$$\frac{\mathrm{d}\phi}{\mathrm{d}N} = C\left(\alpha\sqrt{\pi\phi_0}\Delta\sigma\right)^m \tag{1-2-1}$$

式中　ϕ——孔隙度；

　　　ϕ_0——初始孔隙度；

　　　N——交变载荷次数；

　　　C，m——常数，C 可以从实验获得，$m=2$；

　　　$\Delta\sigma$——交变载荷上限和下限差值，即振幅，MPa。

移项，并对 dN 进行积分：

$$N = \int_{N_0}^{N_c} \mathrm{d}N = \int_{\phi_0}^{\phi} \frac{\phi \mathrm{d}\phi}{C\left(\alpha\sqrt{\pi\phi_0}\Delta\sigma\right)^m} \tag{1-2-2}$$

由 $m=2$

$$\phi = \phi_0 \mathrm{e}^{\pi N_f C (\alpha\Delta\sigma)^2} \tag{1-2-3}$$

式中　N_f——交变载荷系数。

令 $\beta = C\alpha^2\pi$

$$\frac{\phi}{\phi_0} = \mathrm{e}^{N_f \beta \Delta\sigma^2} \tag{1-2-4}$$

上式为交变载荷条件下孔隙度变化公式。可以看出，孔隙度变化和交变次数 N_f 和交变振幅 $\Delta\sigma$ 呈指数关系。根据渗透率和孔隙度关系：

$$K = \frac{\phi^3}{2S^2} \quad (1\text{-}2\text{-}5)$$

式中 ϕ——孔隙度；

K——渗透率，mD；

S——比表面积，m^2/g。

$$\frac{K}{K_0} = e^{3N_f \beta \Delta\sigma^2} \quad (1\text{-}2\text{-}6)$$

式（1-2-6）为交变载荷条件渗透率变化公式。可以看出，渗透率变化和交变次数 N_f 和交变振幅 $\Delta\sigma$ 呈指数关系。

3. 参数 β 确定

将式（1-2-4）两端取对数，则

$$\beta = \frac{\ln\dfrac{\phi}{\phi_0}}{N_f \Delta\sigma^2} \quad (1\text{-}2\text{-}7)$$

β 的单位为 MPa^{-2}。

根据表 1-2-2 实验数据，确定 $\beta = 9.3 \times 10^{-6} MPa^{-2}$。

三、强注强采条件下储层物性变化规律

1. 交变载荷条件下孔隙度和渗透率变化模型验证及孔隙度和渗透率变化规律

理论研究表明，交变载荷条件下渗透率和孔隙度变化与交变次数 N_f 和交变振幅 $\Delta\sigma$ 呈指数关系规律。图 1-2-6 为交变载荷条件下孔隙度变化实验数据和模型数据对比，相对误差平均为 2.8%，理论模型相对于实验数值保守。图 1-2-7 为交变载荷条件下渗透率变化实验数据和模型数据对比，相对误差平均为 3%，理论模型相对于实验数值保守。因此，在生产实践中，可以根据振幅和交变次数预测孔渗变化。

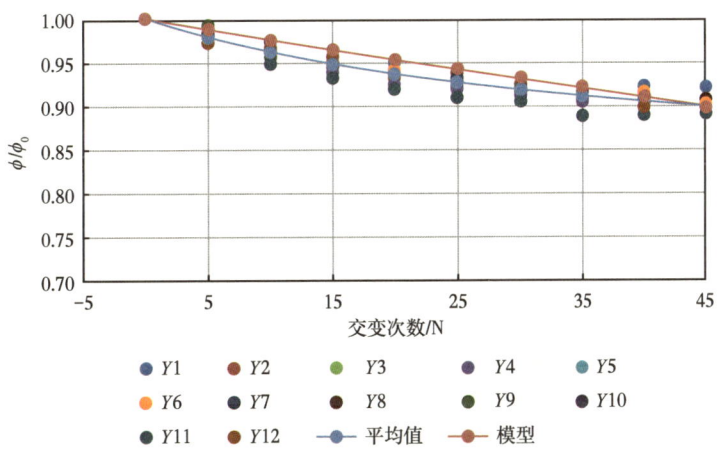

图 1-2-6 交变载荷条件下孔隙度变化理论模型和实验数据对比

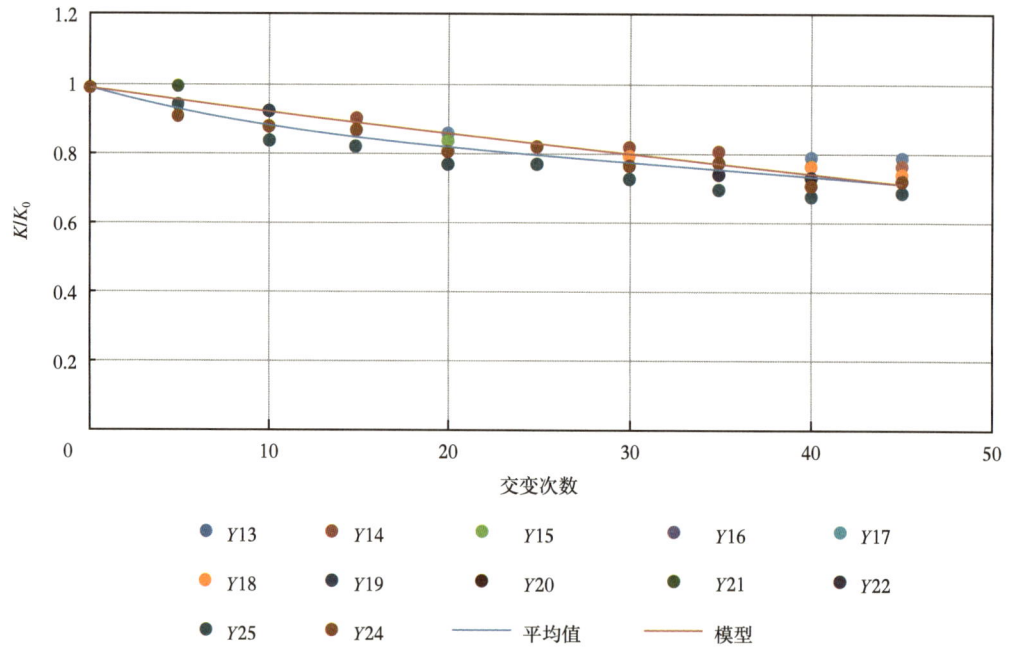

图 1-2-7　交变载荷条件下渗透率变化理论模型和实验数据对比

2. 振幅对渗透率变化的影响规律

不同振幅条件下孔渗随着交变次数的变化规律如图 1-2-8 和图 1-2-9 所示。结果显示，随着振幅的增加，孔隙度和渗透率的衰减迅速加快。

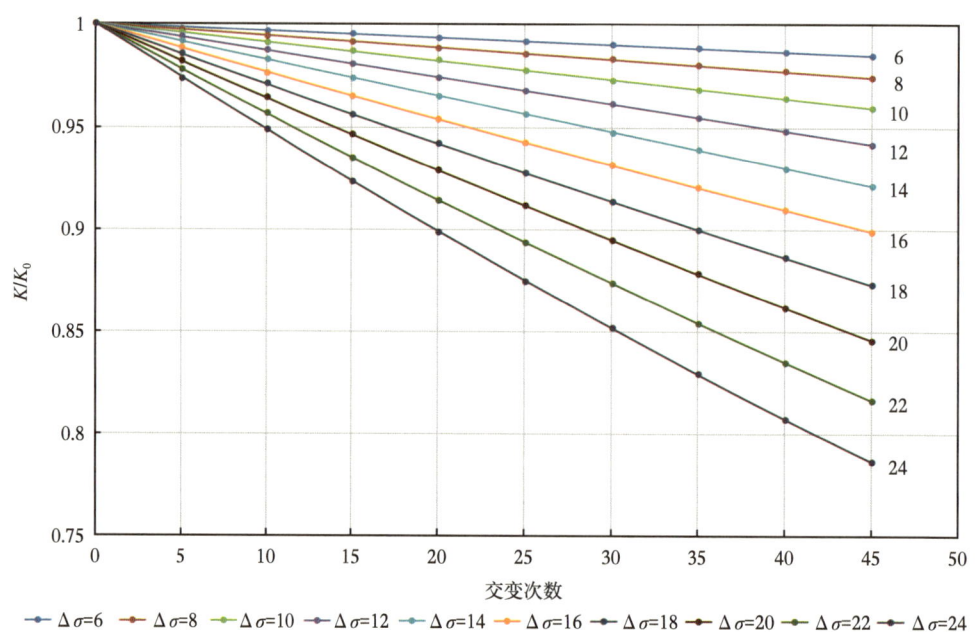

图 1-2-8　交变载荷条件振幅对孔隙度变化影响规律

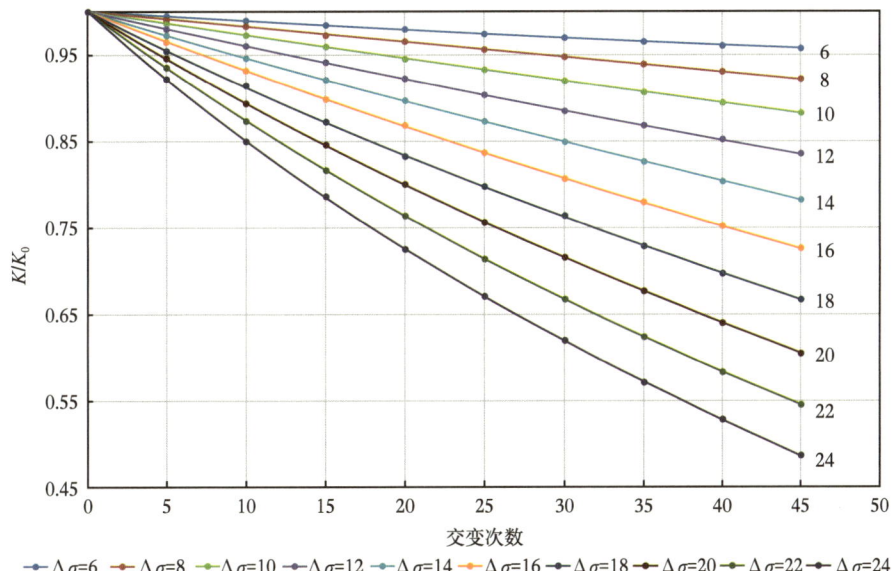

图 1-2-9　交变载荷条件振幅对孔隙度变化影响规律

第二章 注采井完井方式优选与工艺参数设计

完井是从钻开油气层开始,到下套管注水泥、固井、射孔、下生产管柱、排液,直到投产的一项系统工程。储气库生产井长期大排量交替注采,井筒工况复杂,给完井提出了更高的要求(豆宁辉等,2018)。国外储气库生产经验表明,注采井即使生产初期不出砂,但是受生产压差周期性大幅度变化的影响,经过多周期注采,岩石胶结强度下降,出砂风险会显著增大。因此有必要加强注采井完井技术研究,在完井方式优选的基础上,针对性地开展完井工艺参数优化设计,为注采井长期安全运行奠定基础。

第一节 注采井完井方式优选

一、注采井完井方式应用现状

完井技术的核心之一是完井方式优选。采用恰当而合理的完井方式,可以减少综合成本,提高综合经济效益。如果完井方式选择不当,可能造成单井产能的大幅下降或单井寿命的大幅下降,进而严重危害正常生产。

完井方式按照油气层段是否下套管固井,可以分成裸眼系列和射孔系列两大类,而裸眼系列完井方式和射孔系列完井方式又都可派生出多种完井方式。按照完井方式是否具有防砂功能可分成防砂型和非防砂型的完井方式(刘合等,2022)。枯竭性油气藏类储气库目前使用较多的完井方式有射孔完井和筛管完井。这两类完井方式都可以起到稳定井壁、防止出砂的效果,但是每种完井方式又适用不同的储层特性(张瑞纲等,2016)。

1. 射孔完井

射孔完井包含套管射孔和尾管射孔完井。射孔完井利用管内措施应对地层出砂,可在套管(衬管)内下机械式防砂工具的同时充填砾石作为滤砂层,例如射孔管内砾石充填完井(Tiffin D L et al.,1998)。

射孔完井克服了裸眼和筛管完井的一些缺陷,其适用条件为:有边、底水层,易塌夹层等复杂地质条件,要求实施分隔层段的储层;要求实施大规模高排量水力压裂作业的低渗透产层;砂岩储层、碳酸盐岩裂缝性储层。射孔管内下绕丝筛管完井适用的地质条件为:有底水并出砂的细、粉砂砂岩地层;需分层开采、分层防砂的粗、中砂砂岩气层。射孔管内砾石充填完井适用的地质条件为:有底水并出砂的细、粉砂砂岩储层;需分层开采、分层防砂的细、粉砂砂岩储层。

根据实施方式不同,射孔完井还可进一步细分。

1）过油管张开式射孔完井

井口密封状态下射孔枪穿过生产油管在套管内射孔，可以在带压状态下进行负压射孔，不但大幅减少射孔液对地层的二次伤害，而且可以在一定程度上解除钻井伤害（施兴建等，2014）。此项工艺施工过程较为复杂，对于储气库长井段射孔，起下电缆次数多，作业时间长，不宜选用此项工艺；但对于射孔层段短的补孔井，可考虑采用此项工艺（赵金龙，2018）。

2）油管输送射孔完井

油管输送射孔可一次输送数百米甚至上千米射孔枪串，将储层全部射开，作业过程中可有效防止井喷，施工安全；可选用大直径的射孔枪，选择合理的射孔参数，在负压状态下射开储层，最大程度解除枯竭低压油气藏钻、完井后地层伤害；工艺技术成熟，安全可靠，为枯竭型油气藏储气库完井最主要的射孔工艺。

油管输送射孔工艺可以选用射孔后不动管柱直接投产（射孔生产一体化管柱）、提出射孔枪后再下生产管柱两种方案。

（1）射孔后不动管柱直接投产。

根据射孔枪在井下的三种状态（油管悬挂非全通径射孔枪、射孔后自动丢枪、使用全通径射孔枪）分析射孔后不动管柱直接投产的可行性。

油管悬挂非全通径射孔枪直接投产：就射孔工序来说，从工艺和技术上较容易实现，但后期无法进行生产测井。

①射孔后丢枪：在起爆器上部安装一套丢枪装置，可以在射孔器起爆的同时使射孔枪串和油管脱离，也可以地面控制丢枪，射孔后射孔枪串落入井底。使用射孔后丢枪的方案，需要井底有几百米甚至更长的口袋。

②使用全通径射孔枪：全通径射孔与一次性完井管柱联作，不需提出管柱或丢枪作业，可直接作为完井生产管柱，还可完成压裂酸化以及生产测井等后续作业。避免了反复起下管柱对地层的伤害，提高了生产能力，同时缩短了作业时间，提高了作业安全性。如果储气库射孔井段跨度较大，长井段全通径射孔成功率就偏低，则不宜采用全通径射孔后直接投产方式。如果射孔井段跨度不超过100m，且井斜不大于45°，可考虑选用全通径射孔。

（2）射孔、投产分步实施。

射孔后压井提出射孔枪串，然后再下生产管柱。压井提枪的作业周期长，压井液对储层造成不同程度伤害，但井控风险小；射孔管柱结构简单，施工成功率高；可以直观检查射孔弹发射率。所以对于射孔跨度较大、地层压力较低但具有一定井喷风险的井，射孔后压井提枪方式是较理想的选择。

2. 筛管完井

筛管完井具有稳定井眼的作用，并且具有比射孔完井更好的连通性，同时防砂效果优良，对储气库储层的伤害小。

（1）裸眼筛管完井、裸眼筛管带管外封隔器（ECP）完井。

裸眼筛管完井、裸眼筛管带管外封隔器（ECP）完井既适用裸眼完井的地质条件，又适用出砂地层，因为筛管可以起到防砂的作用，因此，适用范围要广一些：岩性坚硬、致密，井壁稳定不坍塌的储层；单一厚储层，或压力、岩性基本一致的多层储层；不准备实施分层开采，选择性处理的储层；出砂严重且有底水的疏松产层；裸眼井段内无含水夹层及易坍塌夹层的储层（陈玉婷等，2020）。

（2）裸眼筛管砾石充填完井。

裸眼砾石充填先期防砂完井，产层直接连通井眼，产层在井眼中的裸露面积最大，气流进入井眼时流动阻力最小（林国猛，2008）。和其他完井方式相比，这种完井方式中产层和井眼的连通性最好。采用裸眼砾石充填先期防砂完井方式时，可以下入直径较大的防砂工具，得到较厚的砾石充填层，这样既可以有良好的滤砂能力，又有良好的井壁支撑作用，并可延长防砂工具的寿命。

裸眼筛管砾石充填完井适用的地质条件为：无底水、无含水夹层的储层；岩性疏松出砂严重的中、粗、细砂粒储层；不准备实施分隔层段，选择性处理的储层；岩性疏松出砂严重的中、粗、细砂粒储层（张慧，2008）。

国内枯竭油气藏储气库多采用射孔完井。砂岩气藏储气库注采井完井多采用射孔—测试联作的一次完成方式，负压射孔的负压值根据储层物性确定（李朝霞等，2008）。对于水平井完井采用两趟管柱正压射孔提枪、压井完井施工工艺能够更好地确保气井大排量注采作业及后期措施处理。射孔完井现场效果，与注采井的射孔系列参数以及完井工艺有关。针对可能存在出砂问题的枯竭油气藏储气库注采井，国外公司多采用筛管完井。

二、注采井完井方式优选的影响因素

研究设计完井方式时，需要考虑众多因素，归纳起来可分为地质特征、井壁稳定性和工程技术需求等三大类。对于不同类型的气井，这些因素对决定完井方式的权重将有所不同。各类完井方式各有优缺点及适应条件，对于储气库注采井，在一定条件下，某些完井方式的一般性优点，可转变为极大优势，而有些一般性的局限，则成为致命的缺陷。

裸眼完井具有以下优势。一是不用水泥固井，避免了固井过程中水泥浆对储层的伤害，能够最大限度地发挥欠平衡、近平衡钻井有效保护储层的功能，大幅度减少解堵施工作业的工作量和施工规模，从而在有效保护储层产能的同时，规避了增产作业施工的安全风险。对碳酸盐岩储气库尤其重要。二是储层部位不下套管，避免了酸性气体在高分压条件下的腐蚀伤害。在目前工程技术的条件下，高压、高酸性气井储层部位通常采用高级抗蚀材质的套管进行防腐，价格昂贵，特别是产层井段分布距离长的直井和水平井，采用这项措施对钻完井投资的影响十分明显。裸眼完井的前提条件是井壁的稳定性。对于储气库注采井而言，储层出砂对油管和井下工具的冲蚀损坏、井壁坍塌后的修井难度和风险、产生事故后危害程度需高度关注。此外，目前工程技术水平条件下，裸眼完井特别是水平井裸眼完井后尚不能进行较大规模的分层、分段改造，边底水锥进后治理的难度更大。

与裸眼完井相比，筛管完井同样不用水泥固井，在充分发挥欠平衡、近平衡钻井有利保护储层的同时，还可以有效防止井壁崩落的岩块进入井筒，对于井壁稳定性的要求比裸眼完井宽松。下入管外封隔器后，分层、分段改造的技术难度也小于裸眼完井。但是由于需要在储层部位下入筛管，完井费用高于裸眼完井，特别是含有酸性气体的井，完井费用一般较高。与射孔完井相比，筛管完井的最大优点是可以避免固井水泥对储层的伤害，但分层分段改造的规模和分层分段的灵活性等方面，均不及射孔完井。

射孔完井是国内应用最多的完井方式，具有分段改造、分段调整控制工艺成熟可靠等突出优点，但是完井过程中对储层的伤害远高于裸眼完井和筛管完井。此外，长井段射孔施工的费用和风险也较高，这是注采井特别是水平注采井在研究选择完井方式时必须考虑的一个重要因素。

对于面临周期性强注强采工况的储气库注采井，设计完井方式时必须进一步加强安全因素的分析研究，设计的完井方式不但要有利于保证完井施工作业过程中的安全，还要能够充分发挥储层的产能，减少修井作业，有利于解决长期运行后存在井筒稳定性失效隐患的问题。储气库注采井设计完井方式时除了考虑储层分布、边底水能量、气藏工程提出的井型等因素外，还需要重点考虑两个因素。一是井壁稳定性的因素，在强注强采生产过程中出砂或井壁坍塌，将造成严重的事故隐患，因此保证井壁的稳定性，是储气库注采井设计完井方式时必须考虑的重要因素之一。与常规气井相比，完井后保证井壁稳定性的权重增大。二是避免或降低储层伤害的因素，尤其是碳酸盐岩储气库，储层以缝洞为主要储集空间和流动通道，钻井液及固井水泥浆对储层造成伤害后，表现出伤害半径长、对产能影响大、解堵作业难度高的特点。因此在设计完井方式时，应更加强调保护储层的因素，与一般孔隙性储层相比，有利于保护储层的权重增大。

三、注采井完井方式优选方法

完井方式的选择需要综合考虑多方面的因素，如地质特征和气藏工程特性、生产过程中井眼是否稳定、生产过程中地层是否出砂、采气工程要求、完井产能的大小、完井成本和总体经济效益等。一般在完井方式优选时，更多的是仅依靠决策者的经验，由于与完井方式筛选有关的因素繁多，且多具有随机性、模糊性及不确定性，因此可能会出现不同的选择，甚至错误的选择。想要优选出最合理的完井方式就需要全面考虑到每种影响因素，包括地质、工程、经济等因素。通过一定的优选方法选择出最合理的完井方式是值得探究的工作，有必要不断完善优选方法以辅助现场工程师进行决策。

贝叶斯网络（Bayesian Network）实质上就是一种基于概率的不确定性推理网络（Abdullah S et al., 2012）。由于其具有坚实的理论基础、语义清晰的网络结构、灵活的推理能力、方便的决策机制及有效的学习机制等优点，已逐渐成为处理不确定性问题的最佳方法之一，并且在计算机智能科学、工业控制、医疗诊断等领域的许多智能化系统中得到了重要的应用。目前在国内，该方法之前已应用于岩性识别、管道腐蚀等油气领域研究（晏信飞等，2012；吕昊等，2012）。

贝叶斯分类器是建立在特征参数之间相互独立的条件下的，运用统计学中的概率计算进行分类，贝叶斯分类器的分类结果更加准确，通过推理可以在只知道各种特征参数出现概率的条件下准确快捷的进行分类决策，这种分类条件与油气田完井优选情况十分相似，因而可以选择贝叶斯分类器作为优选模型。

1. 贝叶斯分类原理

贝叶斯分类器的原理是把概率分布的先验信息和实验（或观察）所得的样本信息相结合，利用贝叶斯公式计算在现有样本信息条件下概率的后验分布，同时选择后验概率最大的类别进行分类，而且贝叶斯分类要求各特征参数之间没有关联，否则无法成立。

贝叶斯分类器存在区别于其他分类方法的特点，第一点，贝叶斯分类器是通过对比待分类项与所有类别相似的概率大小，选择概率最大的类别作为分类结果；第二点，待分类项的所有特征参数都不同程度影响概率计算结果，即该分类方法全面考虑了各种特征参数；第三点，待分类项的特征参数既可以连续又可以离散，或者是两者同时存在。

假设，$A_1, A_2, \cdots, A_n$ 是待分类项具有的 n 个特征参数，存在 m 个类别 $C=\{C_1, C_2, \cdots, C_m\}$，如果存在一个待分类项 X，现在假设待分类项的特征参数值已知，数值表示为 $\{x_1, x_2, \cdots, x_n\}$，计算显示待分类项属于 C_i 类别的后验概率为 $P=(X|C_i)$，$C(X)$ 代表待分类项所属类别。则贝叶斯分类器表示见式（2-1-1）：

$$C(X) = \arg\max_{C_i \in C} P(C_i) P(X|C_i) \qquad (2\text{-}1\text{-}1)$$

式（2-1-1）表明待分类项属于所有类别中算得的后验概率最大的类别，一些学者研究分析认为这种分类方法准确率高。公式（2-1-1）计算难度大且烦琐，然而特征参数的独立性假设简化了计算量，同时保证分类的准确率：

$$P(A_i|C, A_j) = P(A_i|C), \forall A_i, A_j, P(C) > 0 \qquad (2\text{-}1\text{-}2)$$

简化后贝叶斯分类器的概率计算相对简单，在已知样本特征属性参数的条件下，可以很方便地计算待分类项中某种参数 A_i 的条件概率 $P=(X|C_i)$，同时也可以单独计算某种参数 A_i 在样本特征参数中的概率，这种概率在每次分类过程中为常数，用 α 来代替，因而，对每种已知特征参数的待分类项 X 的后验概率计算公式表示为

$$P(C=c|A_1=a_1, \cdots, A_n=a_n) = \alpha P(C=c) \prod_{i=1}^{n} P(A_i|C=c) \qquad (2\text{-}1\text{-}3)$$

根据计算结果选择概率最大的类别作为 X 所属类别进行分类决策。

2. 贝叶斯分类流程

（1）准备工作阶段。

准备工作阶段就是训练样本的建立阶段，通过文献或者现场调研搜集已知特征参数的样本，然后对样本的特征参数进行人为的划分分级，这一工作是整个贝叶斯分类中唯一要求人工进行的步骤，同时准备工作的优劣直接决定分类结果的准确程度，因而需要严格按照要求进行。

（2）分类器训练阶段。

分类器训练阶段就是规则建立阶段，所谓的规则就是建立特征参数与类别之间的联系，具体工作就是运用概率计算公式得到样本中每种类别以及特征属性的概率，将计算结果记录到分类软件中，该阶段工作可由计算机完成。

（3）应用阶段。

应用阶段就是贝叶斯分类器完成之后的使用阶段，即输入待分类项 X 的特征参数值，由分类程序运行出 X 的所属类别，由计算机完成。

四、完井方式优选示例

以某枯竭油气藏型储气库为例。

在完井方式优选影响因素分析的基础上，筛选了岩石类型、孔隙类型、层间差异、井

壁稳定、是否出砂、地层砂分类、地层砂均匀系数、是否底水、是否分层、渗透率等主要影响因素，见表2-1-1。

表2-1-1 气井完井方式优选主要影响因素

序号	项目	计算及判断方法
1	岩石类型	砂岩、碳酸盐、变质岩
2	孔隙类型	孔隙、裂缝
3	层间差异	渗透率变异系数
4	井壁稳定	Mohr-Coulumb准则
5	是否出砂	G/G_b，组合模量法，出砂指数法
6	地层砂分类	粗砂，中砂，细砂及粉砂
7	地层砂均匀系数	均匀，不均匀
8	是否底水	是，否
9	是否分层	是，否
10	渗透率	低渗透，中渗透，高渗透

1. 贝叶斯分类样本

根据贝叶斯分类原理，确定影响完井方式各因素的特征属性及特征属性划分，并开发了配套程序。根据特征值的计算划分，汇总形成贝叶斯训练样本集合。贝叶斯分类样本是分类器的一个重要组成部分，见表2-1-2和表2-1-3。

表2-1-2 贝叶斯分类样本参数表a

序号	岩石类型	孔隙类型	层间差异	井壁稳定	是否出砂	是否底水	是否分层	完井方式
1	0	0	0.5	1	0	1	0	射孔完井
2	0	0	0.5	1	0	1	0	套管下过气顶的衬管完井
3	0	0	0.4	1	0	0	0	裸眼完井
4	0	0	0.6	1	0	0	0	射孔完井
5	0	0	0.5	1	0	0	0	射孔完井
6	0	0	0.3	1	0	0	0	衬管完井
7	0	0	0.6	1	0	0	0	割缝衬管完井
8	0	0	0.5	0	1	0	0	绕丝筛管完井
9	0	0	0.6	0	1	0	0	绕丝筛管完井
10	0	0	0.3	0	1	1	0	井下砾石充填完井
11	0	0	0.4	0	1	0	0	裸眼井下砾石充填完井
12	0	0	0.8	0	1	0	1	射孔套管内下绕丝筛管完井
13	0	0	0.9	1	0	0	1	射孔完井

续表

序号	岩石类型	孔隙类型	层间差异	井壁稳定	是否出砂	是否底水	是否分层	完井方式
14	0	0	1	0	1	0	1	管内井下砾石充填完井
15	0	0	0.5	0	1	0	0	裸眼井下砾石充填完井
16	0	0	0.7	0	1	1	0	射孔套管内下预充填砾石
17	0	0	0.5	0	1	1	0	射孔套管内下绕丝筛管完井
18	0	0	0.7	0	1	0	1	井下砾石充填完井
19	0	0	1	0	1	0	1	射孔套管内下双层绕丝筛管
20	0	0	0.8	0	1	0	1	射孔套管内下绕丝筛管完井
21	0	0	0.3	0	1	1	0	射孔套管内下绕丝筛管完井
22	0	0	0.5	0	1	0	0	预充填砾石完井

注：岩石类型中0代表砂岩，1代表碳酸盐岩，2代表变质岩；孔隙类型中0代表孔隙，1代表裂缝；其他各参数中0代表否，1代表是。

表 2-1-3　贝叶斯分类样本表 b

序号	粗砂/%	中砂/%	细砂/%	粉砂/%	均匀系数	渗透率/mD	完井方式
1	40	30	25	5	1.5	600	射孔完井
2	45	20	30	5	1.7	550	套管下过气顶的衬管完井
3	60	20	15	5	2	590	裸眼完井
4	30	30	20	20	3.5	9	射孔完井
5	20	25	45	10	2.5	9	射孔完井
6	30	30	25	15	2.2	300	衬管完井
7	70	15	10	5	1.2	600	割缝衬管完井
8	50	25	20	5	2.7	400	绕丝筛管完井
9	10	70	15	1	1.4	350	绕丝筛管完井
10	60	25	10	5	1.7	500	井下砾石充填完井
11	25	50	20	5	3	100	裸眼井下砾石充填完井
12	65	20	10	5	1.8	600	射孔套管内下绕丝筛管完井
13	40	30	25	5	2	500	射孔完井
14	10	15	55	20	2.5	60	管内井下砾石充填完井
15	10	10	55	25	3.1	50	裸眼井下砾石充填完井
16	35	55	5	5	2	260	射孔套管内下预充填砾石

续表

序号	粗砂/%	中砂/%	细砂/%	粉砂/%	均匀系数	渗透率/mD	完井方式
17	15	15	60	10	2.5	40	射孔套管内下绕丝筛管完井
18	25	55	15	5	2.2	410	井下砾石充填完井
19	10	15	55	20	2.5	60	射孔套管内下双层绕丝筛管
20	20	55	20	5	2.2	310	射孔套管内下绕丝筛管完井
21	60	25	10	5	1.7	500	射孔套管内下绕丝筛管完井
22	10	10	55	25	3.1	50	预充填砾石完井

注：分类时将 a，b 两表中参数一起考虑。

2. 主要特征参数划分原则

1）砂粒分级

粒度分级的方法主要有激光法、筛分法、光透法和图像法，每种方法对粒径的划分原则是相同的，划分结果见表 2-1-4。

表 2-1-4 粒度分级表

粒度分类	分级界限 /μm	粒度分类	分级界限 /μm
粗砂	500~1000	细砂	125~250
中砂	250~500	粉砂	<125

通常情况下，岩石按照粒级使用三级命名原则（方梦阳等，2020）：

（1）某大类含量不小于 50% 时，以该大类定主名；

（2）某大类含量不小于 25% 且小于 50% 时，以该大类在主名前定为"××质"；

（3）某大类含量不小于 10% 且小于 25% 时，以该大类在"××质"前或主名前定为"含××"；

（4）如各大类含量均低于 50% 时，其中只有两大类含量不小于 25%，则以该两大类并列定主名，含量高的排列在后。

2）层间差异以及是否分层

层间差异使用渗透率变异系数来判断，判断原则如式（2-1-4）：

$$V_K = \frac{\sqrt{\sum_{i=1}^{n}(K_i - \bar{K})^2}}{\bar{K}} \qquad (2-1-4)$$

式中 V_K——渗透率变异系数；

K_i——层内某样品的渗透率值；

$\bar{K}$——层内所有样品渗透率的平均值；

n——层内样品个数（常雪彤，2019）。

通常如果 V_K 小于 0.5 是均匀型；如果 V_K 值介于 0.5~0.7 是较均匀型；如果 V_K 大于 0.7

是不均匀型。通常均匀型与较均匀型储层不需要分层，不均匀型储层需要分层。

3）渗透率

渗透率通常分为高渗透、中渗透、低渗透和特低渗透四类，具体划分如表2-1-5。

表2-1-5 渗透率分级

渗透率类型	分级界限 /mD	渗透率类型	分级界限 /mD
高渗透	$K \geqslant 500$	低渗透	$0.1 \leqslant K < 10$
中渗透	$10 \leqslant K < 500$	特低渗透	$K < 0.1$

4）地层砂均匀系数

根据粒度组成累积分布曲线可以计算地层砂均匀系数，见式2-1-5：

$$\alpha = \frac{d_{60}}{d_{10}} \tag{2-1-5}$$

式中 d_{60}——累积质量分数为60%的颗粒直径；

d_{10}——累积质量分数为10%的颗粒直径。

3. 算例分析

已知该储气库为砂岩孔隙型储层，层间差异系数为0.8，有底水，无须分层生产，粗砂、中砂、细砂分别占比为65%、25%、10%，地层砂均匀系数为1.8。渗透率为580mD，水平最大主应力为93.66MPa，水平最小主应力为76.02MPa，中间主应力为83.23MPa，内聚力为7.552MPa，原始弹性模量1.52MPa，内摩擦角为39.99°，岩石密度为2.55g/cm³，储层原始声波时差为287μs/m，骨架岩石声波时差为493μs/m，流体声波时差177μs/m，孔隙压力为38.53MPa，泊松比 μ 为0.253。

根据该井各项参数数据计算结果可知，该井的特征参数值为{0, 0, 0.8, 0, 1, 0, 1, 65, 25, 10, 0, 1.8, 580}，进一步计算可知，该井与各种常规气井完井方式吻合的概率详见表2-1-6。

表2-1-6 计算概率表

序号	完井方式	概率 /%
1	射孔完井	23.56
2	套管下过气顶的衬管完井	10.45
3	裸眼完井	34.25
4	射孔完井	27.31
5	射孔完井	31.78
6	衬管完井	29.15
7	割缝衬管完井	33.58
8	绕丝筛管完井	41.02
9	绕丝筛管完井	22.89

续表

序号	完井方式	概率/%
10	井下砾石充填完井	19.28
11	裸眼井下砾石充填完井	20.57
12	射孔套管内下绕丝筛管完井	75.96
13	射孔完井	39.28
14	管内井下砾石充填完井	49.62
15	裸眼井下砾石充填完井	50.31
16	射孔套管内下预充填砾石	23.65
17	射孔套管内下绕丝筛管完井	33.21
18	井下砾石充填完井	26.59
19	射孔套管内下双层绕丝筛管	30.44
20	射孔套管内下绕丝筛管完井	20.87
21	射孔套管内下绕丝筛管完井	31.25
22	预充填砾石完井	47.28

根据表 2-1-6 选择概率计算最大的类别作为该井的完井方式，因而推荐使用射孔套管内下绕丝筛管完井。

第二节 完井工艺优化设计

一、射孔工艺优化设计

一般而言，射孔设计是结合总体开发要求和具体井层的地质、工程实际情况并以油气藏工程和采油采气工程为依据，产能比为优化目标，在保证套管和孔眼稳定性的条件下，获得最佳的设计方案。

要获得理想的射孔效果，取决于以下三个方面：一是对各种储层和地下流体情况下射孔井产能规律的量化认识程度；二是射孔参数、伤害参数和储层及流体参数获取的准确程度；三是可供选择的枪弹品种、类型的系列化程度。射孔参数优选是指针对特定储层条件，使产能达到最佳的射孔参数优化组合，一般是以产能比为目标函数。一般射孔参数的优化设计主要考虑三个方面的问题：各种可能参数组合的产能比、套管损坏情况和孔眼的力学稳定性。产能比是优化目标函数，后两者是约束条件（李士斌等，2013）。

1. 直井/定向井射孔参数优化设计

1）射孔参数优化过程

一般而言，射孔参数的优化过程如下：

（1）建立各种储层和产层流体条件下射孔完井的产能关系，获得各种条件下射孔产能比定量关系；

（2）收集本地区、邻井和设计井有关资料和数据，用以修正模型和优化设计（邹龙跃，2013）；

（3）调查射孔枪、弹型号和性能测试数据；

（4）校正各种射孔弹的井下孔深和孔径；

（5）计算各种射孔弹得压实伤害参数；

（6）计算设计井的钻井伤害参数；

（7）计算和比较各种可能参数配合下的产能比和套管抗挤能力降低系数，优选出最佳的射孔参数组合；

（8）计算选择方案下的产量及表皮系数（杨建雷，2010）；

（9）计算出最小和最大负压，推荐施工负压。

2）射孔参数优化计算方法

（1）射孔参数对产能比影响计算方法。

射孔参数与产能比的关系如式（2-2-1）：

$$PR = PRM[A + B\lg(K_M R_o - C)] \quad (2\text{-}2\text{-}1)$$

式中　PR——产能比（射孔井产能与自然产能的比值）；

　　　PRM——极限产能比；

　　　A，B，C——与射孔参数有关的经验回归公式，视不同情况有不同的表达式；

　　　K_M——射孔密度，孔/m；

　　　R_o——射孔孔眼半径，m。

（2）射孔弹孔深与孔径校正。

射孔弹厂家公布的射孔弹性能数据大都是混凝土靶数据，它并不表示实际地下情况下的穿透数据，只有地下实际情况下的穿透数据才能用来评价射孔井的动态。因此，针对特定地层条件进行射孔优化设计时，需进行射孔弹性能参数校正。

（3）孔深、孔密优选。

在射孔孔眼穿透钻井伤害带后，射孔完井的产能将有大幅度的提高，在孔深已经很大时，再靠增加孔深来提高产能，其效果不再明显，而且对于疏松砂岩地层孔眼太深还会降低孔眼的稳定性（郭呈柱等，1995）。因此，孔深的选择应以超过钻井伤害带而又不影响孔眼的稳定性为宜。孔密很小时，提高孔密的增产效果很明显，当孔密增大到某一程度时，提高孔密不能提高油井产能，而且孔密太大还会造成套管伤害，使射孔成本增高（许俊良等，2012）。

（4）孔径选择。

研究认为孔径对产能的影响不大，但当孔径较小时增大孔径也会使油井产能得到改善。有限元模拟计算和电模拟实验研究表明，对于一般的砂岩地层选择孔径不超过 10mm 较好，当孔径大于 10mm 后，产能比 PR 提高不大。但对于出砂严重的油层，为减少摩擦阻力、降低流速、减少冲刷作用和携砂能力，可采用更大孔径。

（5）相位角优选。

研究表明相位角对 PR 有明显影响。在穿深较浅时，相位角为 90° 最佳；在非均质严重的地层，120° 相位角较好。在射孔密度较高的情况下或在疏松砂岩地层中，60° 相位角最好，同时60°相位角也是维持套管强度的最佳相位角。

（6）布孔方式选择。

研究表明，对于螺旋、交错和简单三种布孔方式，螺旋布孔优于交错布孔，而交错布孔又优于平面简单布孔。螺旋布孔是在枪身的每一平面上只射一个孔，枪身变形小、有利于施工，因此，最优的选择应是螺旋布孔。

3）压实伤害参数计算

压实伤害参数是通过射孔岩心靶测试分析工作求得的。压实厚度是一个很难测定的参数，它和射孔弹的性能、地层类型、使用的负压大小都有关系。可利用射孔弹穿透贝雷岩心靶的各项数据，通过射孔岩心靶有限元分析计算软件计算压实参数。

4）钻井伤害参数计算

钻井伤害主要表现在固相侵入和滤液侵入，并由此引起物理和化学伤害，使产层在一定径向深度的范围内渗透率降低。就射孔而言，钻井伤害深度和伤害程度是影响射孔优化设计的两个重要参数。有条件可采用裸眼中途测试法测定或借用同一地层相同钻井条件的邻井中途测试资料。若无中途测试条件可根据钻井数据用经验法确定。

5）射孔负压设计

负压射孔是指射孔时造成的井底压力低于油藏压力。负压值是负压设计的关键。一方面要保证孔眼清洁、冲刷出孔眼周围的破碎压实带中的细小颗粒，满足这一要求的负压称为最小负压；另一方面负压值不能超过某个值以免造成地层出砂、垮塌、套管挤毁或封隔器失效和其他问题，对应的这一临界值称为最大负压。合理射孔负压值的选择应当是既高于最小负压又不超过最大负压。

2. 水平井射孔参数优化设计

水平井射孔优化设计的过程是首先建立水平井射孔产能预测数学模型及相应的求解方法，通过水平井射孔产能预测数学模型的计算，研究确定合适的水平井射孔参数，从而达到提高水平井产能的目的。

1）一般规律

（1）孔密对产能指数有显著的影响，但达到水平井最优产能比的射孔密度比直井低得多，也就是说水平井射孔完井没有必要追求高孔密。

（2）孔眼深度对水平井产能比的影响比直井中更为显著，在低孔密、高各向异性时，孔眼深度的影响更为显著，深穿透射孔效果明显。

（3）在各向异性地层中，射孔相位角对产能指数的影响显著，180°相位比90°相位要好；而对于各向同性地层，相位角的影响很小。

（4）限制钻井伤害深度对于提高产能非常重要，以保证能被射孔所穿透，如果射孔未能穿透伤害带，则伤害带渗透率和地层渗透率比值对井产能的影响变得尤为严重，因此钻井伤害严重时要求深穿透射孔。

（5）高孔密和深穿透射孔可以帮助获得最大的产能，但需要注意的是，为了控制气水锥进，获得一致的流量剖面，使用比较低的射孔密度更为合适。

2）水平井射孔参数优化步骤

在水平井射孔优化设计中增加了射开段的参数（射开段位置、打开程度、打开方位），其他的参数与直井/定向井类似。通过对不同射孔参数计算出相对应的产能及均衡排液程度,并进行排序,达到优化射孔方案的目的。

以上参数优化设计目前均可在商业化专业软件中通过数值模拟实现。

3. 射孔工艺设计示例

以某枯竭气藏型储气库为例进行说明。

(1) 射孔方式选择。

比较目前常用的射孔方式,主要有电缆输送射孔、电缆输送过油管射孔、油管输送射孔三种方式。其中,电缆输送射孔又包括电缆输送套管枪正压射孔和电缆输送套管枪负压射孔;电缆输送过油管射孔又包括常规过油管射孔和过油管张开式射孔,不同射孔方式的优缺点见表2-2-1。

表2-2-1 不同射孔方式的优缺点

射孔方式		优点	缺点
电缆输送射孔	电缆输送套管枪正压射孔	高孔密;深穿透;施工简单;成本低;较高的可靠性	易导致较严重的储层伤害;井斜小于50°
	电缆输送套管枪负压射孔	高孔密;深穿透;施工简单;成本低;较高的可靠性;能实现短井段负压射孔	气层厚度大的井需多次下射孔枪射孔,第二次射孔不能保持必要的负压;井斜小于50°
电缆输送过油管射孔	常规过油管射孔	尤其适用于生产井不停产补孔和打开新层位,减少了压井和起下管柱,可实现负压射孔	孔深小;枪长度受防喷管高度限制;长井段不能实现负压射孔;负压过大电缆易打结;井斜小于50°
	过油管张开式射孔	尤其适用于生产井不停产补孔和打开新层位,减少了压井和起下管柱,可实现负压射孔;深穿透	枪长度受防喷管高度限制;长井段不能实现负压射孔;负压过大电缆易打结;相位角180°;井斜小于50°
油管输送射孔		高孔密;深穿透;可实现负压射孔;可实现较长井段或多个层段射孔;可在定向气井和水平井中射孔;可在高压井中射孔;可与各种作业联作	单独射孔时成本比较高

考虑到目前工艺技术现状、目标区的实际情况,对于套管固井直井/定向井,其射孔方式建议:射孔井段较长或多层段射孔,油管输送负压射孔;射孔井段较短或单层段射孔,电缆输送套管枪负压射孔。

(2) 射孔枪弹选择。

直井/定向井设计生产套管尺寸为139.7mm,根据表2-2-2射孔枪外径选择表,可选择89型射孔枪和102型射孔枪,为了可装更大的射孔弹有利于射孔穿深,推荐使用102型射孔枪、127型聚能射孔弹。

表2-2-2 射孔枪外径选择表

套管尺寸/mm	127	139.7	177.8	244.5
枪身外径/mm	88.9	88.9或101.6	101.6或127	127或177.8

（3）射孔参数优化。

采用专业软件开展优化设计，主要模拟计算射孔直径、射孔密度、射孔深度等射孔参数对产能和套管强度的影响规律，进而指导参数优选。

根据敏感性分析结果，在保障套管安全情况下，以穿透伤害带为目的，合理增加孔径、孔密可以有效提高气井产能比。由于设计采用 139.7mm 生产套管，设计并计算了 102 型射孔枪弹的各项参数，计算结果如表 2-2-3。

表 2-2-3 采用 102 枪时射孔参数设计计算结果（大庆射孔弹厂）

射孔弹型号	射孔密度/（孔/m）	射孔相位/（°）	原始穿深/mm	校正穿深/mm	原始孔径/mm	校正孔径/mm	表皮系数	采气指数/[m³/(d·MPa)]	产能比	套管强度降低系数/%
SDP39HMX30-1	20	60	1153	113	9.7	9.68	18.23	2274.68	0.2869	3.2253
SDP45HMX45-1	16	90	1199	114	11.7	11.67	20.23	2109.56	0.2661	4.6683
DP44RDX39-5	16	90	956	105	12.2	12.17	21.50	2017.01	0.2544	4.8678
DP44RDX39-6	16	90	875	99	12	11.97	22.83	1927.89	0.2432	4.788
DP44RDX39-3	16	90	876	99	11	10.97	23.73	1871.79	0.2361	4.389
DP44RDX32-1	16	90	777	91	10.6	10.57	26.29	1729.55	0.2181	4.2294
DP48HMX38-1	16	90	703	83	12.5	12.47	26.52	1717.50	0.2166	4.9875

（4）射孔工艺参数推荐。

综合以上分析计算，以气井产能比最大为目标，在保证套管安全条件下，推荐射孔工艺及参数。

射孔工艺：主体采用油管传输负压射孔；

枪弹选择：主体采用射孔枪外径 102mm 枪，深穿透射孔弹；

穿深：不小于 1000mm；

孔径：不小于 10mm；

孔密：16~20 孔/m；

相位角：60°；

负压值：5.44~6.8MPa；

布孔方式：螺旋式。

二、筛管工艺优化设计

储气库的生产特点区别于油气藏的生产，由于周期性注采使储气库的压力变化明显，储层岩石骨架和孔隙受交变载荷作用。周期性的交变载荷使储气库储层岩石产生损伤，损伤量随着交变载荷的作用积累到一定程度后注采井将会出砂。对于存在出砂风险的注采井，国外储气库多采用筛管完井。

1. 注采井出砂预测

国外储气库生产经验表明，注采井即使生产初期不出砂，但是受生产压差周期性大幅度变化的影响，经过多周期注采，岩石胶结强度下降，出砂风险会显著增大。目前现场一般使用出砂经验预测方法判断出砂风险，用于指导选择完井方式。出砂经验预测方法分为现场观测法和经验法，这两种方法都没都考虑交变载荷的影响。

下面简要阐述基于岩心实验数据进行注采井出砂预测的新方法，即修正后的出砂指数法。该方法考虑了注采过程中压力反复变化使孔隙以及岩石产生损伤，导致储层的力学性质发生变化，是一个与交变载荷联系起来的预测方法。使用这种方法可以预测注采井在多少个注采周期之后注采井开始出砂，能够预测严重出砂的时间，指导完井选择和生产管理。

（1）交变载荷损伤实验。

损伤量是评价岩石损伤的重要参数，它既考虑了岩石的塑性变形的影响，又考虑了岩石抗拉强度降低比例，能够更加准确地反映岩石在交变载荷下所受到的脆性以及塑性损伤，计算公式如下：

$$D = (1 - A_2/A_1) \times 100\% \qquad (2\text{-}2\text{-}2)$$

式中　D——损伤量，%；

　　　A_1，A_2——交变加载前后体积应力应变曲线与应力轴围成的闭合面积。

根据实验数据绘制交变加载前后应力应变曲线，交变加载前后的应力—应变曲线图可分别计算 A_1、A_2，由式（2-2-2）计算不同加载频率下岩石的损伤量 D，并且拟合两者的关系曲线，由拟合得的关系曲线即可预测不同加载频率 f 以及加载次数 Ω 下的损伤量。

国内某西部储气库相关实验结果如图 2-2-1 和图 2-2-2 所示。

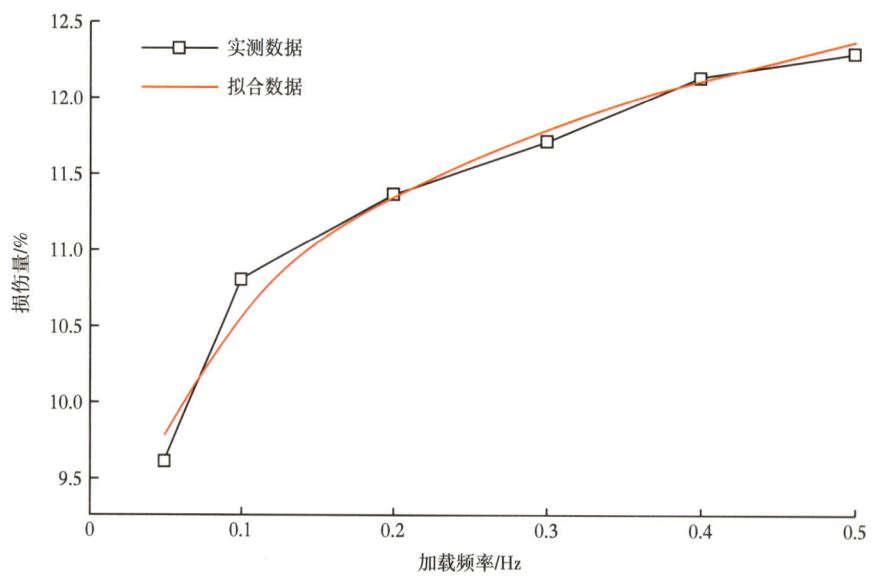

图 2-2-1　加载频率与损伤量关系曲线

由图 2-2-1 加载频率—损伤量关系曲线可以得到加载频率与损伤量拟合关系公式。

$$D=1.1302\ln f+13.157 \quad (2\text{-}2\text{-}3)$$

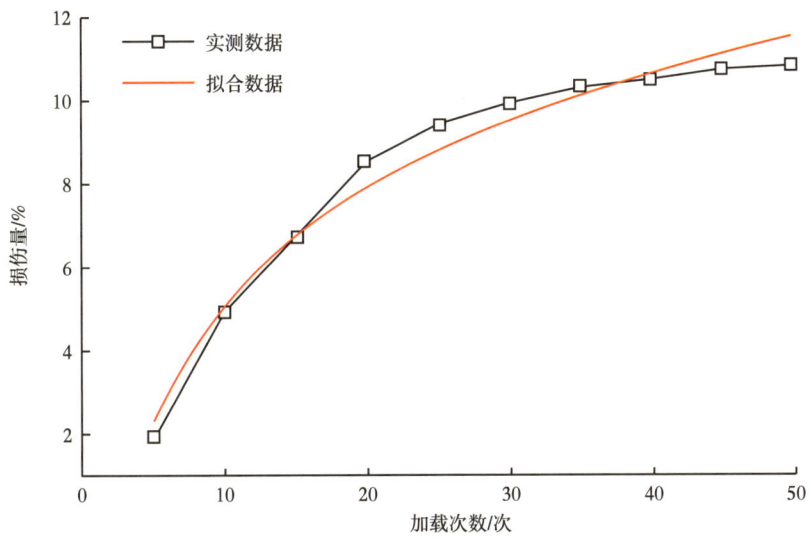

图 2-2-2　加载次数与损伤量关系曲线

由图 2-2-2 加载次数—损伤量关系曲线可以得到加载次数与损伤量拟合关系公式。

$$D=4\ln\Omega-4.1154 \quad (2\text{-}2\text{-}4)$$

可以看出在加载次数一定的情况下,加载频率增大岩石的损伤量增大,可以依据实际生产中的加载频率和次数预测储气库的损伤量,进而判断储气库注采井的出砂情况,研究出砂规律。

（2）交变载荷对出砂影响。

出砂指数法是一种相对准确的出砂风险分析方法,计算过程中使用了声速和密度参数资料。通过引入岩石损伤量,使得该方法能够具有动态评估能力。

常规出砂指数计算见式（2-2-5）至式（2-2-7）。

$$B=K+\frac{4}{3}G \quad (2\text{-}2\text{-}5)$$

$$K=\frac{E}{3\times(1-2\mu)} \quad (2\text{-}2\text{-}6)$$

$$G=\frac{\rho_r}{\Delta t_s^2} \quad (2\text{-}2\text{-}7)$$

在基础公式中引入损伤量等反应交变载荷影响的参数,使该方法更加适应储气库生产特点。此处建议采用目标储气库岩心开展相关实验。

$$E=(1-D)E_0 \quad (2-2-8)$$

仍以前述某西部储气库为例,结合式(2-2-4),则体积弹性模量计算公式可以修改为:

$$K=\frac{(1-4\ln\Omega+4.1154)E_0}{3(1-2\mu)} \quad (2-2-9)$$

出砂指数经修正后的计算公式为:

$$B=\frac{(1-4\ln\Omega+4.1154)E_0}{3(1-2\mu)}+\frac{4\rho_r}{3\Delta t_s^2} \quad (2-2-10)$$

式中 B——出砂指数,10^4MPa;

K——体积弹性模量,10^4MPa;

Δt_s——岩石声波时差,μs/ft;

E——杨氏模量,10^4MPa;

E_0——原始杨氏模量,10^4MPa;

G——切变弹性模量,10^4MPa;

μ——泊松比;

ρ_r——岩石密度,g/cm³;

D——岩石损伤量;

Ω——交变次数。

出砂的经验判断值为:

如果 $B>2\times10^4$MPa,正常生产储层不出砂;

如果 1.4×10^4MPa$<B<2\times10^4$MPa,正常生产出砂轻微,但出砂量逐渐增大,建议使用防砂完井方式;

如果 $B<1.4\times10^4$MPa,注采井正常生产储层出砂严重,建议使用具有防砂作用的完井方式。

(3)应用示例。

以某储气库为例进行分析。修正前的出砂指数为

$$B=\frac{E}{3(1-2\mu)}+\frac{4\rho_r}{3\Delta t_s^2}=\frac{1.52}{3(1-2\times0.253)}+\frac{4\times2550}{3\times86.97^2}=2.013\times10^4\text{MPa} \quad (2-2-11)$$

交变载荷加载 50 次后,修正的出砂指数为:

$$B=\frac{(1-4\ln\Omega+4.1154)E_0}{3(1-2\mu)}+\frac{4\rho_r}{3\Delta t_s^2}$$

$$B=\frac{(1-4\ln50+4.1154)\times1.52}{3(1-2\times0.253)}+\frac{4\times2550}{3\times86.97^2} \quad (2-2-12)$$

$$B=1.272\times10^4\text{MPa}$$

根据计算结果可以看出修正前后计算出的出砂指数差异明显，见表2-2-4。

表2-2-4 修正前后出砂指数计算结果对比

计算公式	出砂指数/10^4MPa	预测结果
修正前公式	2.013	正常生产不出砂
修正后公式	1.272	正常生产出砂严重

修正后出砂指数是注采周期的函数，根据函数关系绘制出砂指数随注采周期的变化曲线，如图2-2-3所示，结果显示：出砂指数随注采周期不断变化，最初几个注采周期出砂指数变化较快，后期出砂指数趋于平稳，且由最初的出砂轻微逐渐转为出砂严重。因此，该储气库注采井应该先期采用防砂完井，及早采取防砂措施。

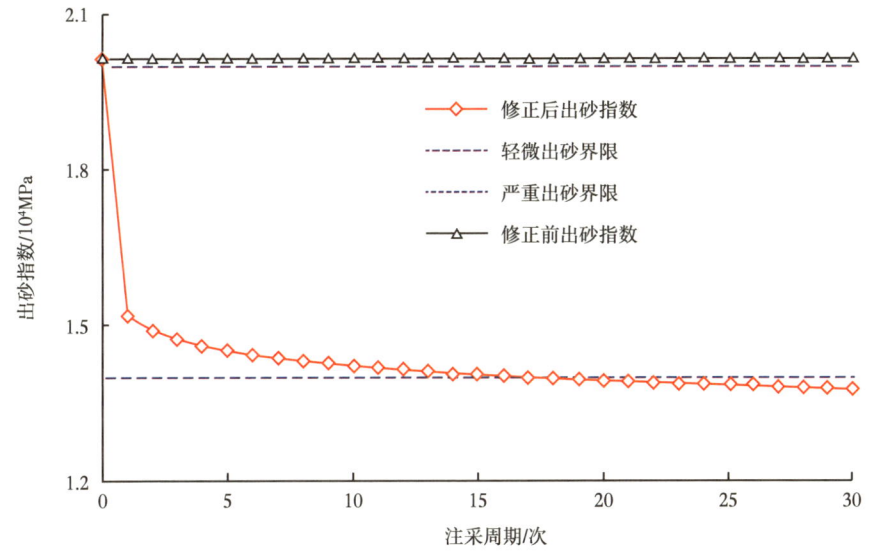

图2-2-3 注采周期与出砂指数关系曲线

2. 割缝筛管参数优化设计

对于存在出砂风险的注采井，一般采用筛管完井。一般而言，其主要设计参数包括：缝宽、缝长、缝密度、缝型、布缝方式及割缝加工方式等。

从缝型、布缝方式、割缝加工方式来看，梯形缝有利于降低缝隙堵塞的概率，割缝筛管割缝缝眼的剖面呈梯形，夹角不大于20°，梯形大的底边为筛管内表面，这种外窄内宽的形状可以避免砂粒卡死在缝眼内而堵塞，具有"自洁"作用。交错缝可以避免更多的强度损失，陶瓷刀片加工法能提高缝隙壁面的耐磨性、防垢防腐性以及抗高温氧化性能。

确定缝长与缝密度的组合，应以其力学性能和有效过流面积最大化为依据，通常情况下，割缝筛管开口面积可以达到管体割缝部分表面积的3%~6%。

梯形缝眼小底边的宽度称为缝口宽度，是割缝筛管设计的最重要参数之一。在没有实际挡砂实验评价结果时，现场一般根据经验原则确定。

经验原则（1）：按照形成砂桥的设计原则。此方法一般用于出砂不严重、砂粒分布较粗、砂粒分选系数较小、修井作业很少的水平井眼中。根据实验研究，砂粒在筛管外形成砂桥的条件是梯形缝眼的宽度不大于砂粒直径的两倍，即

$$e \leqslant 2D_{10} \qquad (2\text{-}2\text{-}13)$$

式中 D_{10}——地层砂筛析曲线质量累计百分数为10%对应的砂直径，mm；

e——缝口宽度，mm。

经验原则（2）：按照完全挡住地层砂的设计原则，即

$$e \leqslant D_{x} \qquad (2\text{-}2\text{-}14)$$

式中 D_{x}——防砂开采前，第一次冲出砂的砂样中，某一质量百分数的地层砂粒径，mm。

第三章　注采管柱临界冲蚀流量优化技术

储气库生产井需要大排量注采以满足季节调峰的需要，而高速流体可能产生冲蚀导致管柱泄漏失效，因此注采气量要小于管柱的临界冲蚀流量。临界冲蚀系数是影响临界冲蚀流量的关键参数，它与固相颗粒、含水率、腐蚀介质、油管材质等多因素有关。依据APIRP14E标准，在不出砂、无腐蚀介质或采用有效防腐措施工况下，临界冲蚀系数取值150~200，国外部分石油公司已将其取值最高调至350，但中国石油各储气库公司取值均不高于150。不利于注采能力发挥和降低投资。由于不同储气库流体性质、材质不同，不能盲目照搬国外的做法，本章通过相关理论和物模实验，确定现役储气库注采管柱材质在不同工况下临界冲蚀流量或冲蚀系数的变化规律，为注采管柱尺寸设计和注采能力的发挥提供理论参考。

第一节　临界冲蚀流量测试实验方法

一、APIRP14E 标准中关于冲蚀的计算方法

季节调峰是储气库的主要功能之一，通常要求储气库生产井注采量达到几十到几百万方/天。注采井采气能力由储层供应能力和管柱通过能力共同决定，两者中的较小值为最大采气能力。临界冲蚀流量是管柱通过能力的上限，在注采运行阶段注采气量不能超过临界冲蚀流量，否则，注采管柱将发生冲蚀失效。临界冲蚀流量是临界冲蚀流速与管柱内横截面积的乘积，在其他条件相同的情况下，管柱尺寸越大，临界冲蚀流量越大，管柱耐冲蚀能力越强。也就是说，可通过增加管柱尺寸增加临界冲蚀流量。但管柱尺寸增加是有限度的，管柱尺寸增加将不可避免导致井眼尺寸扩大，随之带来钻井等成本增加。因此，必须设计合理的管柱尺寸以满足注采井的注采气量、携液以及冲蚀问题。

注采管柱临界冲蚀流速与注采气压力、温度、流体密度和管柱尺寸等参数有关，计算多参照 API RP 14E 标准式（3-1-1）：

$$V_e = \frac{C}{\sqrt{\rho_m}} \quad (3\text{-}1\text{-}1)$$

式中　V_e——界冲蚀流速，m/s；

　　　ρ_m——工况压力、温度条件下的流体密度（气液两相混合密度），kg/m³；

　　　C——临界冲蚀系数（常数），$[kg/(s^2 \cdot m)]^{\frac{1}{2}}$，与流体的性质有关，$C$ 取值在100~250 之间：在间歇工况下，存在腐蚀介质时 $C=125$，不存在腐蚀介质或采用有效防腐措施时 $C=250$；在连续工况下，存在腐蚀介质时 $C=100$，不存在腐蚀介质或采用有效防腐措施时 $C=150$~200。

目前，行业内多认为API RP 14E标准中临界冲蚀系数C取值偏保守。国外石油公司多通过提高C值来提高临界冲蚀流量，C最高取值已达350。国内储气库C取值在100~150之间，未能有效发挥注采管柱的注采能力。

相对于常规气井，储气库注采井对完整性的要求更为严苛。国内外储气库井筒状况不同，流体性质不同，为安全起见，国内储气库不能盲目参照国外公司提高C值取值。此外，API RP 14E仅仅考虑了影响冲蚀的流体特性，而未考虑管材材质等属性，有一定的局限性。因此，非常有必要针对特定管柱材质，设计冲蚀实验，修正现有储气库注采管柱临界冲蚀系数C，绘制具有针对性的管材临界冲蚀系数C选择图版，为管柱设计与合理配产提供科学依据。

二、不同工况临界冲蚀流量实验测试方法

由于呼图壁、苏桥、相国寺等地下储气库注采工况复杂，温度最高达156℃、压力最高达47MPa、CO_2分压最高达0.97MPa，现有实验设备无法真实模拟冲蚀工况，而理论研究又需要现场或室内实验数据来验证，给注采管柱冲蚀研究带来了极大挑战（黄桢，2005；丁建东等，2012；丁建东等，2016；丁建东等，2017；丁建东等，2018）。由于冲蚀的本质是流体对管柱内壁的冲刷，因此我们基于流体力学理论，计算一定管柱尺寸、温度、压力、流量的等效壁面切应力，来模拟各种注采工况，在现有实验设备条件下得到可靠的实验结果。

针对高剪切力环境下的冲蚀—腐蚀模拟实验，在ASTM G170、ASTM G185、ASTM G186等标准中，推荐了多种常规实验方法（表3-1-1）。旋转笼可模拟恶劣的冲蚀环境，产生较大的壁面剪切力，实验装置简单；冲击溅射装置可以在样品局部形成巨大的流体冲击，模拟较为苛刻的液相冲刷过程；动态高温高压釜一般利用旋转圆柱电极模式，利用样品与溶液的相对转动模拟壁面剪切效果；高温高压湿气环路则可尽可能还原实际流体在管道中的流动，从而能很好地还原现场工况，但是装置搭建难度大，运行成本高。旋转圆柱电极可使用的剪切力达20Pa，转笼法可模拟的剪切力在20~200Pa之间，冲击溅射实验可实现大于200Pa的高剪切力，而冲蚀环路所能模拟的剪切力取决于环路的流速上限及承压能力。

表3-1-1 实验室评价方法模拟管道流态能力级别

序号	评价方法	优缺点	剪切力
1	转轮法（Wheel Test）	快速简单，适于缓蚀剂研发	0
2	旋转圆盘电极/旋转圆柱电极（RDE/RCE）	快速便捷，适于大规模筛选	1~20Pa
3	旋转笼（Rotating Cage）	适于高剪切力模拟	20~200Pa
4	冲击溅射法（Jet Impingement）	适于纯液相和含砂条件的强烈冲蚀	> 200Pa
5	腐蚀环路法（Corrosion Loop）	模拟工况和流态，但运行难度大，数据量有限	依赖于流速上限
6	高温高压釜内的转笼实验（HTHP-RC）	高压釜模拟工况腐蚀环境，利用RC模拟高剪切，便于实现	1~200Pa

1. 壁面剪切力计算

实际工况与不同实验装置下壁面剪切力的计算是实验设计的基础。实验中各个实际工况的壁面剪切力使用专业软件计算得出，高温高压湿气环路的剪切力结合流体力学公式计算得出，旋转笼所能达到的壁面剪切力使用力学公式计算得出。环路的壁面剪切力计算公式见式（3-1-2）和式（3-1-3），旋转笼的壁面剪切力计算公式见式（3-1-4）。

$$\tau = \left(f_D \rho v^2\right)/8 \quad (3\text{-}1\text{-}2)$$

$$\frac{1}{\sqrt{f_D}} = -2\lg\left(\frac{e/D}{2.7} + \frac{2.51}{Re\sqrt{f_D}}\right) \quad (3\text{-}1\text{-}3)$$

式中 τ ——壁面剪切力，Pa；
f_D ——达西摩擦系数；
ρ ——流体密度，kg/m³；
v ——流体流速，m/s；
e ——材质的表面粗糙度；
D ——管径，mm；
Re ——雷诺数。

$$\tau_{RC} = 0.0791 Re^{-0.3} \rho r^2 \omega^{2.3} \quad (3\text{-}1\text{-}4)$$

式中 τ_{RC} ——壁面剪切力，Pa；
r ——转笼半径，mm；
ω ——角速度，rad/s。

2. 高温高压旋转笼实验

参照 ASTM G202—12（Standard Test Method for Using Atmospheric Pressure Rotating Cage）进行高温高压冲蚀模拟实验。实验的准备工作以及冲蚀速率的计算参照 ISO 11845—1995《金属和合金的腐蚀——腐蚀试验的一般原则》和 JB/T 7901—2001《金属材料实验室均匀腐蚀全浸试验方法》进行，采用失重法计算材料平均冲蚀速率，利用旋转笼在高温高压反应釜中进行模拟，模拟实验材料在实际工况环境下的冲蚀行为。溶液的除氧和通气方式参照 GB/T 8650—2006《管线钢和压力容器钢抗氢致开裂评定方法》，冲蚀试样上冲蚀产物的清除依据 ISO 8407—2009《金属和合金的腐蚀——腐蚀试样上腐蚀产物的清除》。

实验前，将试样用丙酮清洗除油；然后用 360#，800# 和 1200# SiC 砂纸对试样进行逐级打磨、无水乙醇清洗、冷风吹干并置于干燥皿中待用；然后称重，量取试样的规格（含长、宽、厚，单位：mm）。用 704 硅胶将试样密封固定于与高温高压釜配套的聚四氟乙烯夹具上。实验前实验溶液用 99.95% 高纯 N_2 除氧 24h 以上。实验开始后，迅速把试样安装在夹具上；然后关闭所有出口阀门，再用高纯 N_2 除氧 2~3h，以除去安装过程进入的氧；然后通入腐蚀性气体（CO_2 气体）至饱和，升温至设定数值，通过增压泵增压至设定值，调转速至设定值，实验开始计时，气体出口用水封。

实验采用 N80、SM80S 及 S13Cr 钢为试样，试样尺寸为 70mm×19mm×3mm。模拟溶液成分为：0.3g/L NaCl+0.35g/L CaCl$_2$。

实验后对试样进行宏观拍照，利用 SEM 及 EDS 对试样表面冲蚀产物进行观察分析。同时，取平行样进行酸洗称重，称重后再进行宏观拍照，利用激光共聚焦显微镜检查试样表面是否有点蚀坑或局部腐蚀。其中，N80 及 SM80S 的酸洗液配方为 500mL 去离子水+500mL 盐酸 +0.375g 六次甲基四胺，S13Cr 的酸洗液为：100mL 的硝酸加去离子水水稀释至 1000mL。

3. 高温高压湿气环路实验

整个环路由总长约 12m，管内径为 ϕ50mm 的管道组成，整个环路的材料均为 316L 不锈钢。该环路的设计思路是通过计量柱塞泵泵入溶液，与高压气体充分混合，然后利用大型风机驱动，使湿气通过实验段管道，再经气液分离塔分离出气体和液体，其中气体可以循环使用，而液体则排出系统之外。在测试管道外包裹着控温系统来控制管壁温度。气相流速可以通过风机的转速调节，并通过流速表监测，含水率可以通过计量柱塞泵调节加注量来控制。实验管段内湿气温度和管外壁以及管内壁的温度可通过温度传感器进行监测，而系统压力可通过压力表监测。

实验材料及模拟溶液介质与旋转笼实验相同，其中试样尺寸为外径 16.10mm、内径 6.15mm、高 3mm 的圆环柱状试样。

实验前，试样的测试面依次用 150$^\#$、400$^\#$ 和 600$^\#$ 砂纸进行打磨，并用丙酮和酒精超声清洗、干燥后，采用精度为 1×10^{-4}g 的电子天平测量并记录试样质量。详细实验步骤如下所述：

在环路储水罐中加注足量的模拟溶液，关闭所有阀门，并持续缓慢通入超纯 CO_2 气体进行除氧 24h；在实验段装入冲蚀试样；略打开气体进口和出口，持续缓慢通入超纯 CO_2 气体进行除氧 2h 后，关闭进气口和出气口；通入 CO_2（或 CO_2+N_2）气体，使系统压力达到预定压力；利用控制柜调节环路运行参数，开始实验；冲蚀实验期间，保持湿气温度和管壁温度；实验结束后，卸装冲蚀试样夹具，取出冲蚀后的失重试样，立即用去离子水漂洗，干燥后采用 SEM 和自带 EDS 对冲蚀产物膜进行微观形貌观察和元素成分分析；酸洗溶液及方法与旋转笼实验一致，用电子天平测量去除冲蚀产物膜后试样重量。将得到的冲蚀前后试样质量采用失重法获取平均冲蚀速率。

4. 气液固三相模拟实验

整个气液固三相冲蚀模拟装置由总长约 2m，管内径为 ϕ50mm 的管道组成，整个管路的材料均为 316L 不锈钢。该环路的设计思路是通过搅拌将液固两相混合均匀，再将其注入管路顶端，然后利用压缩机驱动气流，使气流通过实验段管道，带动液固介质流动，从而对管道内部横放的挂片试样进行冲蚀。气相流速可以通过压缩机的转速调节，并通过流速表监测，含水率可以通过储液箱阀门调节加注量来控制，含砂量可通过储液箱内含砂量来控制。实验后试样的处理同高温高压环路试样的处理方式。

第二节 不同储气库临界冲蚀流量优化测试

以现场注采工程方案设计的临界冲蚀流量和实际注采气量为基准，提高 20%~50% 设计初始冲蚀实验流速，利用壁面剪切力为等效手段，采用高温高压釜内旋转笼、高温高压湿气环路和冲击溅射等方法，参考 ASTM 推荐的实验作法，开展不同材质油管的临界冲蚀流量测试。

一、A 储气库管柱临界冲蚀流量测试

A 储气库不产水，管柱材质为 SM80S，CO_2 占采出气体组分的 1.813%，设计方案和实际使用的具体工况参数如下：输气管道直径为 ϕ100.5mm，临界冲蚀流量系数为 C=150，最大注气量为 $100\times10^4m^3/d$，最大采气量为 $150\times10^4m^3/d$，设计油压为 10MPa、15MPa、20MPa 和 22.4MPa，其对应的基准工况的壁面剪切力分别为 72.8Pa、73.7Pa、72.5Pa 和 71.5Pa。当 C 值提高 20% 后最大壁面剪切力可达 93 Pa，提高 50% 后最大壁面剪切应力最大可达 145Pa。

但在实际工况中，注气量达到了 $263\times10^4m^3/d$ 和 $222\times10^4m^3/d$，采气量达到 $408\times10^4m^3/d$ 和 $481\times10^4m^3/d$。实际工况的油压分别为 10.38MPa、17.6MPa、10.3MPa 和 17.53MPa，实际工况温度分别为 22.6℃、34.2℃、22.4℃ 和 33.8℃。经计算，实际的工况管道内部的基准壁面剪切力远远大于设计值，分别达到 221.6Pa、308.1Pa、157.3Pa 和 409.5Pa。当将 C 值上调 20% 时其壁面剪切力最大可到 409.5Pa，当壁面剪切力上调 50% 时，壁面剪切力最大可达到 896Pa。

根据壁面剪切力的计算结果，决定使用旋转笼实验装置进行实验。为了模拟气相不含水工况，使用 $0^\#$ 柴油为介质进行实验，旋转笼的转速为 2250r/min，其壁面剪切力经计算为 915Pa，实验后利用显微镜对试样表面形貌进行了观察，利用失重法计算了冲蚀速率。实验结果表明：当壁面剪切力 τ_w=915Pa 时，试样的酸洗前后宏观照片及酸洗后的微观照片均未发现冲蚀痕迹，机加工痕迹清晰可见。因此，在该工况下 SM80S 材质注采管柱冲蚀状况在可接受范围内，通过折算注采管柱在 A 储气库工况下 C 值可取到 549。

实验模拟的是完全不含水的情况，但实际储气库注采井即使不产水，也会含有一定量的凝析水。因此在实际生产过程中要慎重选择 C 的取值。

图 3-2-1 SM80S 经旋转笼实验后微观形貌

二、B 储气库管柱临界冲蚀流量测试

B 储气库管柱材质为 N80，CO_2 占采出气体组分的 2.33%，含水率为 0.000235%，B 储气库设计方案和实际使用的具体工况参数如下：管柱直径为 ϕ76mm/100.5mm，且设计工况的临界冲蚀流量系数为 C=100，最大注气量为 $51\times10^4 m^3/d$，最大采气量为 $51\times10^4 m^3/d$，设计油压为 18.3MPa、20.6MPa、23.2MPa，温度为 56℃、29.9℃、36.1℃，其对应的基准工况的壁面剪切力分别为 26.3Pa、11.7Pa、9.12Pa。当 C 值提高 20% 和 50% 后，最大壁面剪切力分别可达 37.8Pa 和 59.2Pa。

根据壁面剪切力的计算结果，决定使用高温高压环路实验装置进行测试。首先对 N80/SM80S 在实际注采气量为基准的模拟工况进行测试。测试工况及结果见表 3-2-1。在基准工况下，N80 及 SM80S 的冲蚀速率分别为 0.435mm/a 与 0.354mm/a，远远大于 0.076mm/a。其冲蚀后的宏观形貌及微观形貌如图 3-2-2 所示，冲蚀形态为全面冲蚀。测试结果表明，N80/SM80S 两种管柱材质即使在 B 储气库的基准工况下冲蚀速率都过高，无法正常使用，需考虑下调临界冲蚀流量。

表 3-2-1　B 储气库基准工况下临界冲蚀流量测试

材质	温度/℃	压力/MPa	CO_2 分压/MPa	含水率/%	流速/(m/s)	剪切力/Pa	冲蚀速率/(mm/a)	备注
N80	56	0.43	0.43	0.000235	31.4	29.3	0.435	B 基准工况
SM80S	56	0.43	0.43	0.000235	31.4	29.3	0.354	B 基准工况

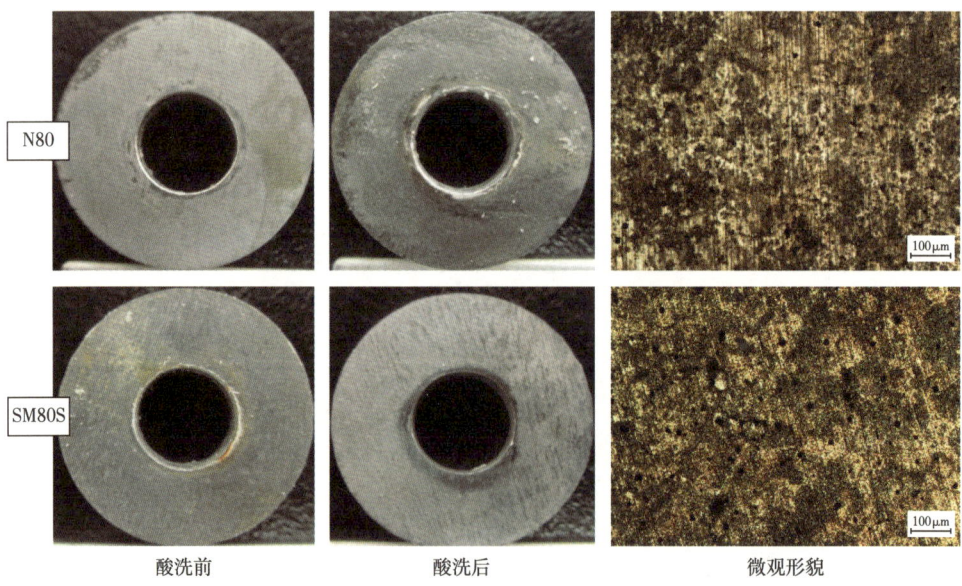

酸洗前　　　　　　　　酸洗后　　　　　　　　微观形貌

图 3-2-2　N80 与 SM80S 酸洗前后宏观照片及酸洗后微观形貌

为了得到 B 储气库的临界冲蚀流量，开展进一步降低流速、降低剪切力的实验。具体实验参数及冲蚀速率见表 3-2-2，冲蚀形貌如图 3-2-3 所示，当剪切力降低到 24Pa 时，

流速由 31.4 m/s 下降到 25.5m/s，冲蚀形貌均为全面冲蚀，N80 的冲蚀速率降低到 0.140mm/a，SM80S 的冲蚀速率降低到了 0.078mm/a。综上，B 储气库的临界冲蚀流量无法提高，且目前的流量需要进一步降低。

表 3-2-2 下调 B 储气库基准工况下临界冲蚀流量测试

材质	温度/℃	压力/MPa	CO_2 分压/MPa	含水率/%	流速/(m/s)	实验周期/h	剪切力/Pa	冲蚀速率/(mm/a)	备注
N80	32	0.43	0.43	0.000235	25.5	117	24	0.140	下调 B 基准工况
SM80S	32	0.43	0.43	0.000235	25.5	117	24	0.078	下调 B 基准工况

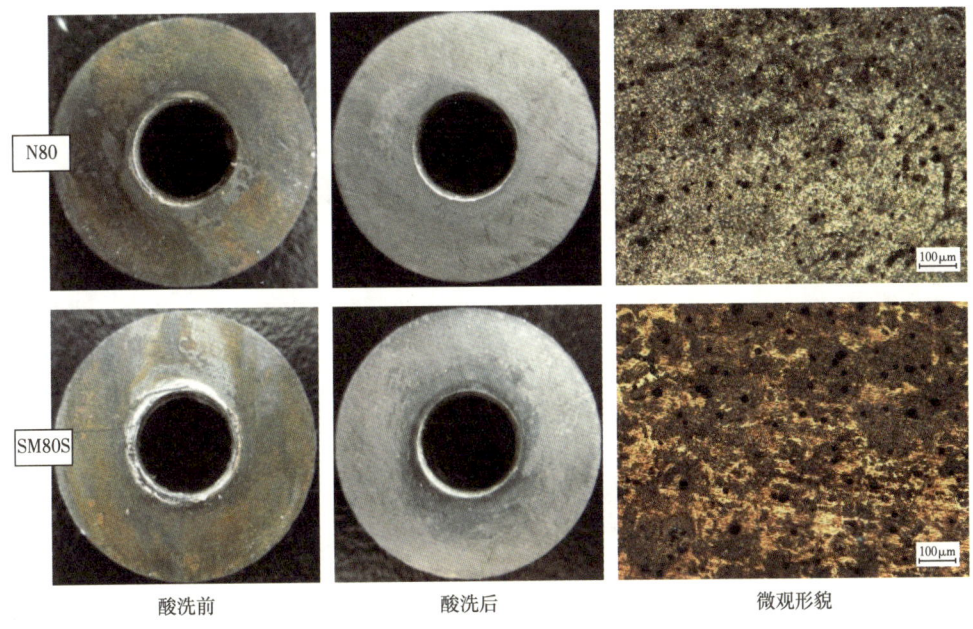

图 3-2-3 下调 B 储气库基准工况下临界冲蚀流量测试形貌图

第三节 不同工况下临界冲蚀流速变化规律

通过三种材质（N80、SM80S 和 S13Cr）在纯气相、气液两相以及气液固三相不同工况下的临界冲蚀流速的规律测试，找到温度、CO_2 分压、含水率、固相颗粒等不同因素对临界冲蚀流速的影响规律。

一、不同工况下临界冲蚀流速测试

1. 纯气相工况下临界冲蚀流速测试

利用旋转笼及高压高速环路对 N80、SM80S 和 S13Cr 管材在纯气相工况下的临界冲蚀流速进行了测试，其中 N80 测试结果如图 3-3-1、图 3-3-2 和图 3-3-3 所示。实验结果表明：随着温度（50~80℃）、压力（0.21~1.6MPa）及壁面剪切力（5.5~915Pa）的提高，三种管材经过纯气相工况条件的冲蚀测试后,表面依然光洁如新,均未发生冲蚀。经过计算,三种管材在纯气相工况下其 C 值可以取到549。

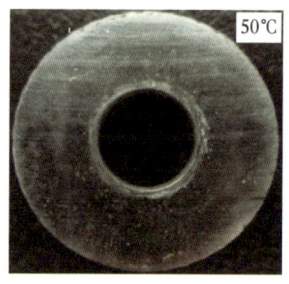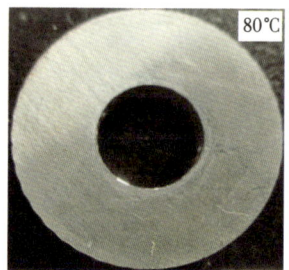

图 3-3-1　温度对试样冲蚀的影响

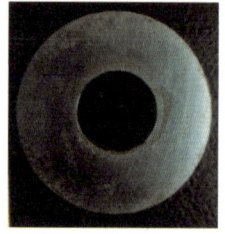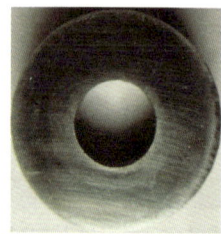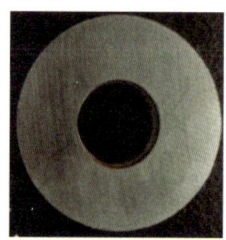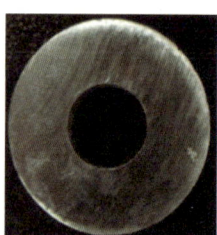

图 3-3-2　压力对试样冲蚀的影响

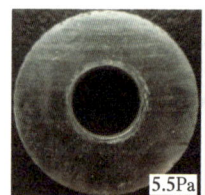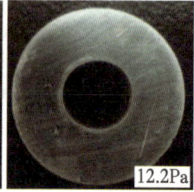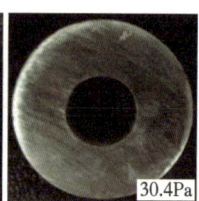

图 3-3-3　壁面剪切应力对试样冲蚀的影响

2. 气液两相工况下临界冲蚀流速测试

利用高压高速环路对N80、SM80S和S13Cr管材在气液两相工况下的临界冲蚀流速进行了测试,部分测试结果汇总见表3-3-1。

表 3-3-1　三种管材在气液两相工况下临界冲蚀流速的部分环路测试结果

序号	管材	温度/℃	压力/MPa	CO_2分压/MPa	含水率/%	流速/(m/s)	实验周期/h	剪切力/Pa	冲蚀形态	冲蚀速率/(mm/a)
1	N80	40	0.21	0.21	0.000440	21.0	48	7.76	局部腐蚀	0.927
2	N80	50	1.00	1.00	0.000100	17.6	48	19.9	局部腐蚀	1.138
3	N80	20	0.52	0.52	0.000615	17.6	48	22.9	全面腐蚀	2.011
4	N80	27	0.42	0.42	0.000100	21.0	48	16.2	局部腐蚀	0.202

续表

序号	管材	温度/°C	压力/MPa	CO_2分压/MPa	含水率/%	流速/(m/s)	实验周期/h	剪切力/Pa	冲蚀形态	冲蚀速率/(mm/a)
5	N80	60	0.42	0.42	0.000100	42.0	66	52.00	全面腐蚀	0.074
6	SM80S	40	0.21	0.21	0.000440	21.0	48	7.76	局部腐蚀	0.136
7	SM80S	50	1.00	1.00	0.000100	17.6	48	19.90	局部腐蚀	2.573
8	SM80S	20	0.52	0.52	0.000615	17.6	48	22.90	局部腐蚀	1.061
9	SM80S	27	0.42	0.42	0.000100	21.0	48	16.20	局部腐蚀	0.674
10	SM80S	60	0.42	0.42	0.000100	42.0	66	52.00	全面腐蚀	0.123
11	S13Cr	40	0.21	0.21	0.000440	21.0	48	7.76	未见冲蚀	—
12	S13Cr	50	1.00	1.00	0.000100	17.6	48	19.90	未见冲蚀	0.054
13	S13Cr	20	0.52	0.52	0.000615	17.6	48	22.90	未见冲蚀	0.007
14	S13Cr	27	0.42	0.42	0.000100	21.0	48	16.20	未见冲蚀	0.082
15	S13Cr	60	0.42	0.42	0.000100	42.0	66	52.00	有点蚀	0.044

3. 气液固三相工况下临界冲蚀流速测试

利用高压高速环路对N80、SM80S和S13Cr管材在气液固三相工况下的临界冲蚀流速进行了测试，部分测试结果汇总见表3-3-2。

表3-3-2 三种管材在气液固三相工况下临界冲蚀流速的部分环路测试结果

序号	材质	温度/°C	含砂量/(mg/L)	砂粒粒径/μm	含水率/%	流速/(m/s)	CO_2含量/MPa	冲蚀形态	冲蚀速率/(mm/a)
1	N80	25	250	150	0.002	27	0	存在冲蚀	0.519
2	N80	25	1500	150	0.002	27	0	存在冲蚀	1.357
3	N80	25	6900	150	0.002	27	0	存在冲蚀	1.700
4	N80	25	0		0.002	27	0	存在冲蚀	0.382
5	N80	25	500	450	—	3	0	存在冲蚀	0.940
6	SM80S	25	250	150	0.002	27	0	存在冲蚀	0.462
7	SM80S	25	1500	150	0.002	27	0	存在冲蚀	1.173
8	SM80S	25	6900	150	0.002	27	0	存在冲蚀	1.668
9	SM80S	25	0		0.002	27	0	存在冲蚀	0.257
10	SM80S	25	500	450	—	3	0	存在冲蚀	0.520
11	S13Cr	25	250	150	0.002	27	0	存在冲蚀	0.067
12	S13Cr	25	1500	150	0.002	27	0	存在冲蚀	0.511
13	S13Cr	25	6900	150	0.002	27	0	存在冲蚀	1.115
14	S13Cr	25	0		0.002	27	0	存在冲蚀	0.073
15	S13Cr	25	500	450		3	0	存在冲蚀	0.120

二、不同因素对临界冲蚀流量和冲蚀系数 C 值的影响规律分析

1. 壁面剪切力的影响

一般来说，流体对管道的壁面剪切力与流体流速的平方成正比；当管道内流速提高时，流体造成的壁面剪切力也将随之大大提高，管道发生冲蚀的风险将会大大增加。同时，壁面剪切力与管道内的压力、温度、流体密度等都有一定关系，因此，无法单纯使用流速作为判据直接判断对应工况下的冲蚀系数。如果以壁面剪切力作为桥梁，则相当于综合考虑了流速、压力、温度、流体密度等各个因素对于管道冲蚀的影响。

在纯气相环路实验中，3种材质在各个壁面剪切力下均未发生冲蚀。为了研究更高壁面剪切力的影响，利用旋转笼模拟了3种材质在剪切力为915Pa工况下的冲蚀行为。结果如图3-3-4所示，3种材质在915Pa的壁面剪切力下均未发生任何冲蚀。实验结果表明：对于纯气相环境，由于不含腐蚀性介质，即使剪切力很高，也无法对3种管材造成冲蚀。根据实验结果，3种材质在纯气相环境下其冲蚀系数 C 值至少可以达到275。

图 3-3-4　3种管材经剪切力为915Pa工况下的旋转笼实验后的微观形貌

如图3-3-5所示，对于气液两相工况，综合分析了高温高压旋转笼反应釜及高温高压环路的实验结果：对于N80和SM80S这两种管材，冲蚀速率基本上随着壁面剪切力的提高而提高。当壁面剪切力超过69.9Pa后，可以看到冲蚀速率急剧上升，说明对于气液两相工况，存在一个临界壁面剪切力，低于这个剪切力，影响N80和SM80S管材冲蚀性能的主要因素不是壁面剪切力，而高于这个壁面剪切力，壁面剪切力为控制冲蚀速率的主要因素，N80和SM80S管材的耐冲蚀性能就会随剪切力增大而大幅下降。

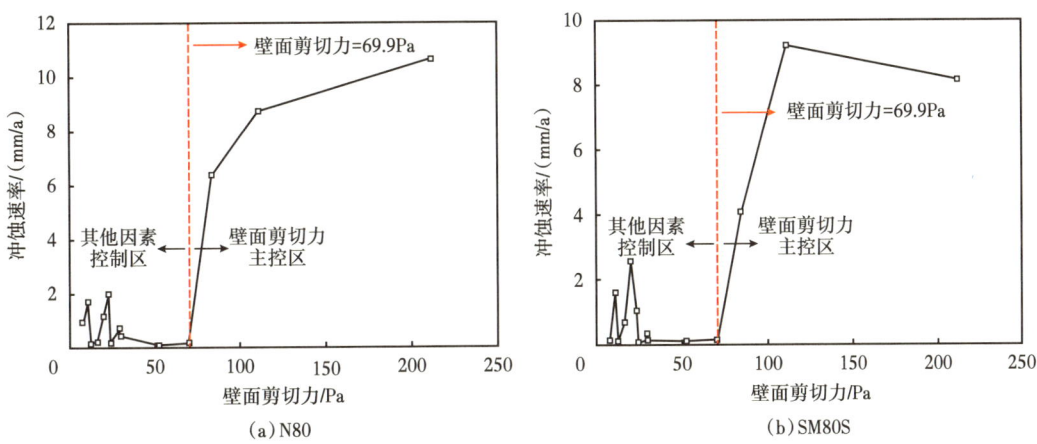

图 3-3-5 壁面剪切力对冲蚀速率的影响

2. 温度的影响

利用高温高压旋转笼反应釜研究了温度变化对于 3 种管材冲蚀性能的影响。如图 3-3-6 所示，随着温度升高，3 种材料的冲蚀速率均是先升高后降低，在 60~80℃ 的范围内冲蚀速率最高，即冲蚀最严重，60~80℃ 为腐蚀的敏感温度。S13Cr 的耐冲蚀性能较好，冲蚀速率小于 0.076mm/a。

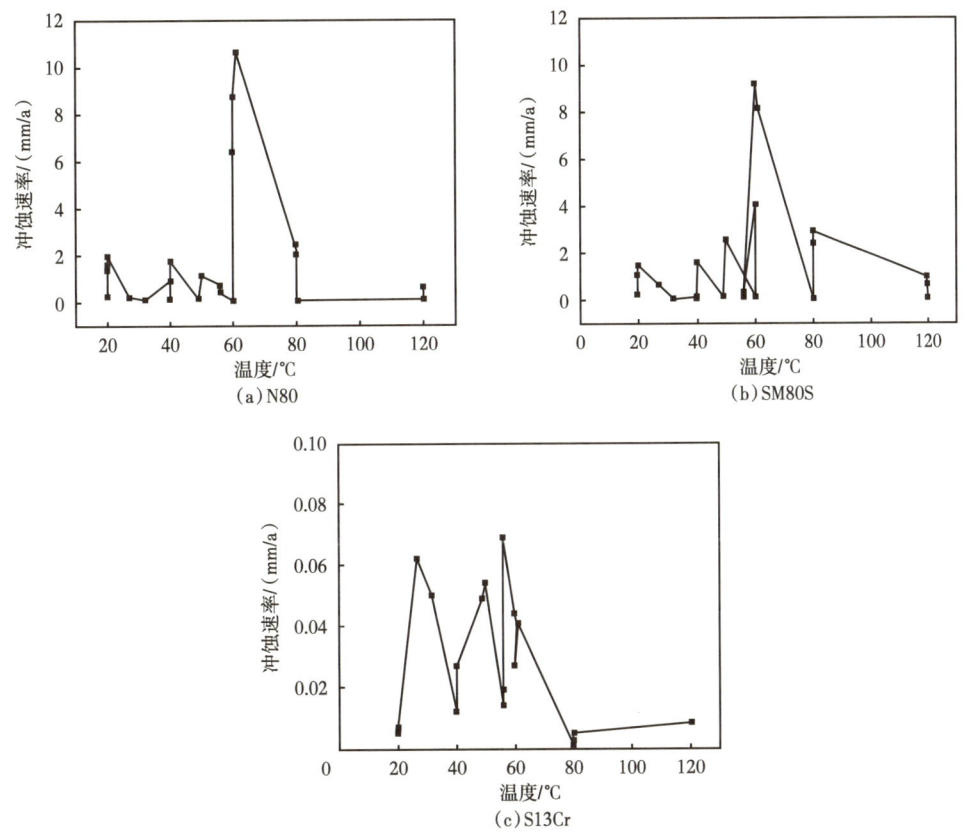

图 3-3-6 温度对冲蚀速率的影响

3. 二氧化碳分压影响

为了研究 CO_2 分压对 3 种管材冲蚀性能的影响，利用高温高压旋转笼反应釜对不同 CO_2 分压下 3 种管材的冲蚀性能进行了研究。图 3-3-7 为 3 种管材经过不同 CO_2 分压的旋转笼实验后的冲蚀速率。

实验结果表明：随着 CO_2 分压的提高，N80 和 SM80S 管材的冲蚀速率提高明显，且在敏感温度区间还会出现明显的局部腐蚀；说明 N80 和 SM80S 管材耐冲蚀性能随着 CO_2 分压的提高而降低。这是因为随着 CO_2 分压的提高，冲蚀介质中溶解了更多的 CO_2，导致溶液酸性增加，冲蚀性加强，导致 N80 和 SM80S 管材耐蚀性能下降。对于 N80 和 SM80S 材质 CO_2 分压为 0.21MPa 是一个分界点，当大于 0.21MPa，样品的冲蚀速率明显增大。S13Cr 的耐冲蚀性能较好，对于 CO_2 分压不敏感，冲蚀速率小于 0.076mm/a。

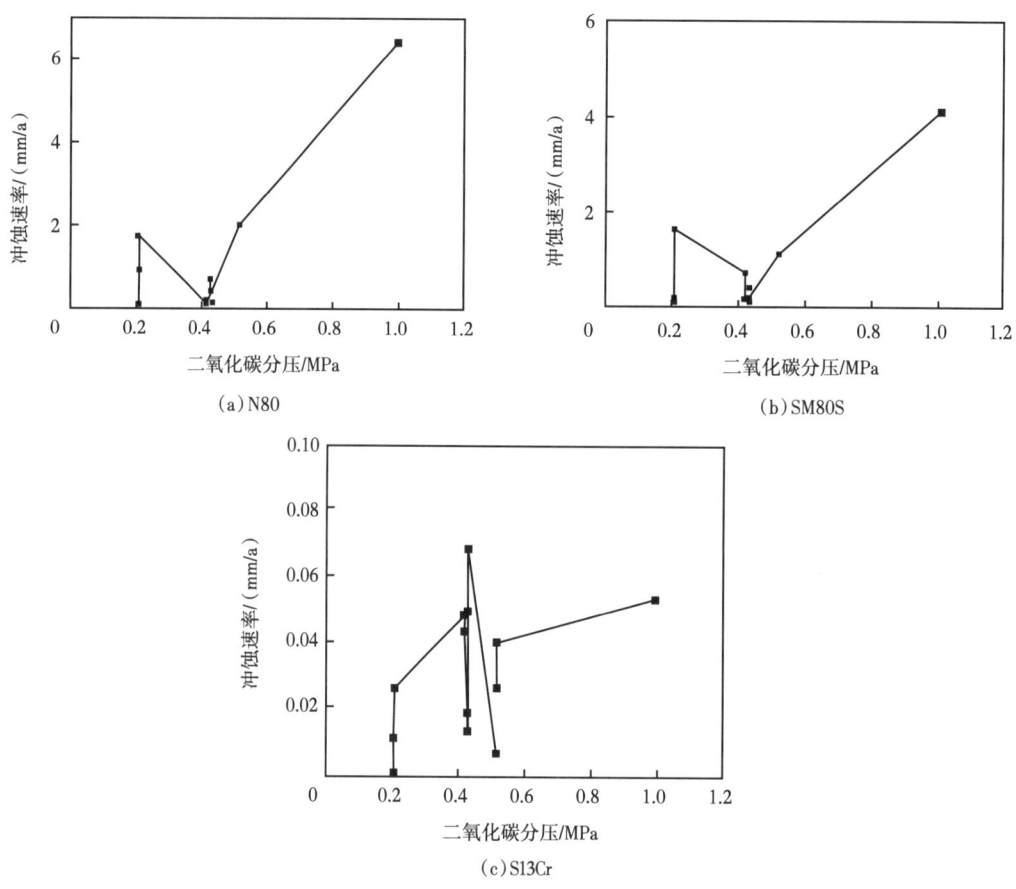

图 3-3-7 二氧化碳分压对冲蚀速率的影响

4. 含水率影响

为研究含水率对 3 种管材冲蚀性能的影响，利用高温高压环路对不同含水率下 3 种管材的耐冲蚀性能进行了研究。图 3-3-8 为含水率对碳钢冲蚀速率的影响，图 3-3-9 为 3 种管材经过不同含水率的环路实验后的冲蚀速率。

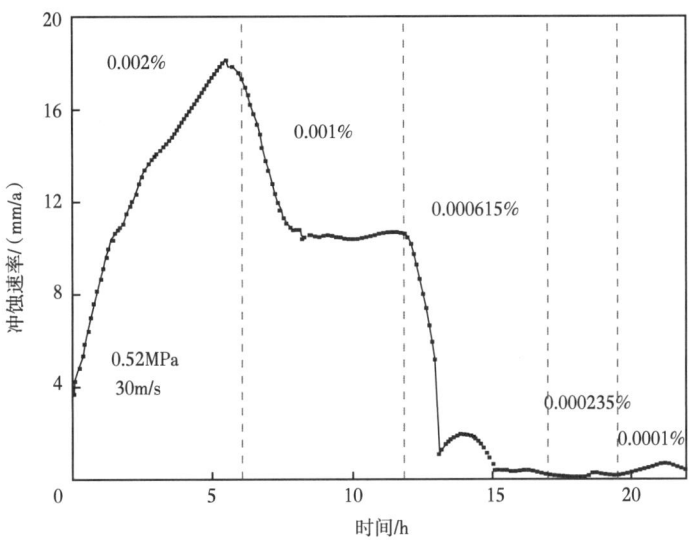

图 3-3-8 含水率对碳钢冲蚀速率的影响

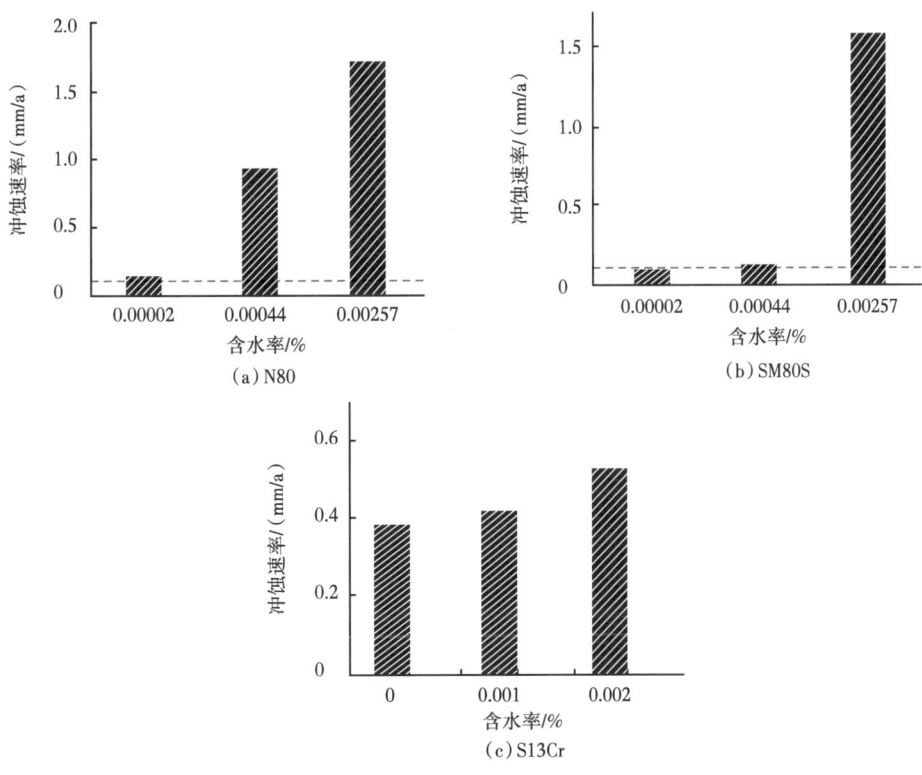

图 3-3-9 含水率对 N80（a）、SM80S（b）和 S13Cr（c）冲蚀速率的影响

实验结果表明：随着含水率的提高，N80 和 SM80S 的冲蚀速率显著提高，试样表面的冲蚀痕迹也越来越明显；说明 N80 和 SM80S 耐冲蚀性能随着含水率升高而降低，当含水率低于 0.00002% 时，SM80S 样品的冲蚀速率低于 0.076 mm/a，按照对应工况的壁面剪

切应力折算，C 值至少可取 200；当含水率高于 0.00002% 时，需要考虑 CO_2 分压；由实验结果可知 CO_2 分压小于 0.021MPa 时，N80 和 SM80S 样品的冲蚀速率低于 0.076 mm/a，按照对应工况的壁面剪切应力折算，C 值至少可取 200；由实验结果可知当 CO_2 分压高于 0.21MPa 时，N80 和 SM80S 样品的冲蚀速率均高于 0.076 mm/a，因此，需要针对具体工况开展有针对性的冲蚀实验。S13Cr 的耐冲蚀性能较好，冲蚀速率小于 0.076mm/a。

5. 入射角的影响

储气库的工况多以气相为主，含有少量液体，且气体流速较高。对于这种以气相为主的湿气环境，入射角对于冲蚀的影响往往是不可忽视的。因此，利用高温高压湿气环路对入射角对冲蚀的影响进行了研究。图 3-3-10 为 N80、SM80S 和 S13Cr 管材不同入射角条件下测得的冲蚀速率。由图 3-3-10 可见，随着入射角的增大，3 种材质的冲蚀速率均先增大后减小。说明入射角对于 N80、SM80S 和 S13Cr 管材的冲蚀性能影响显著，在入射角为 45°C 时，冲蚀最严重。

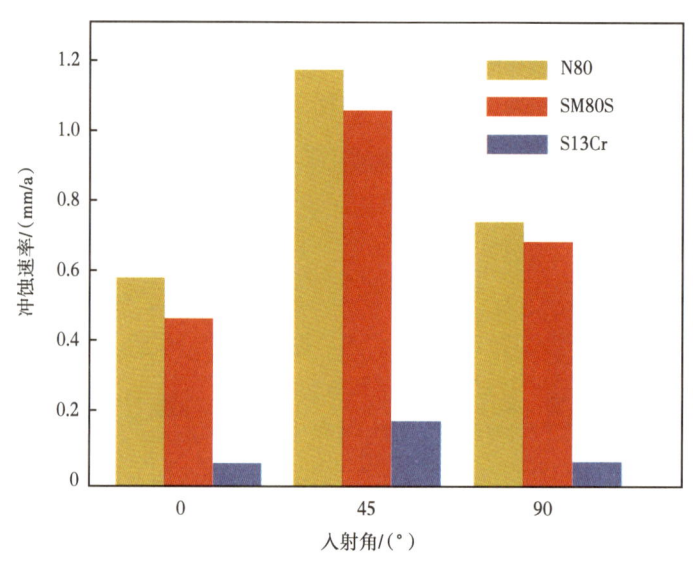

图 3-3-10　入射角对 N80、SM80S 和 S13Cr 冲蚀速率的影响

6. 结垢的影响

S13Cr 由于其优异的耐蚀性能，在气相及气液两相工况下，即使将 C 值在原来的基础上提高 50% 也均未发生冲蚀。因此，无论是提高壁面剪切力或者是含水率，均未出现规律性的冲蚀速率的变化。但是，如图 3-3-11 所示，在实验过程中发现 S13Cr 在低含水率、较高温度和较高气速的工况下出现了明显的结垢现象，经酸洗及微观形貌的观察，发现试样表面出现了微小蚀坑，发生了垢下冲蚀。因此，可以认为对于 S13Cr，在高温、低含水率和高流速的工况下，需评估其是否存在结垢风险。

7. 固相颗粒影响

针对气液固三相工况，研究了 25℃、p_{CO_2} 为 0，含砂量为 1500mg/L，含水率 0.002% 条件下固体颗粒性质对于 3 种管材冲蚀性能的影响。如图 3-3-12 所示，随着流体速度提高，3 种材质的冲蚀速率均大幅升高，且 3 种材质在气液固三相工况下的耐冲蚀性能为：

S13Cr > SM80S > N80。图 3-3-12 是不同流速下 3 种材质的冲蚀速率;图 3-3-13 是在 25℃、27m/s 流速条件下,S13Cr 冲蚀速率随着含砂量的变化规律,图 3-3-14 是样品冲蚀形貌图。实验结果表明,在 S13Cr 管材在气液固三相工况下其冲蚀速率随着含砂量的升高而增大,试样表面因冲蚀产生的痕迹也随着含砂量的升高而有所增加。当含砂量低于 250mg/L 时,S13Cr 的冲蚀速率为 0.018mm/a,按照此工况对应的壁面剪切应力折算,C 可取 135。此外,如图 3-3-15 所示,砂粒粒径对于管材的冲蚀性能影响较小。

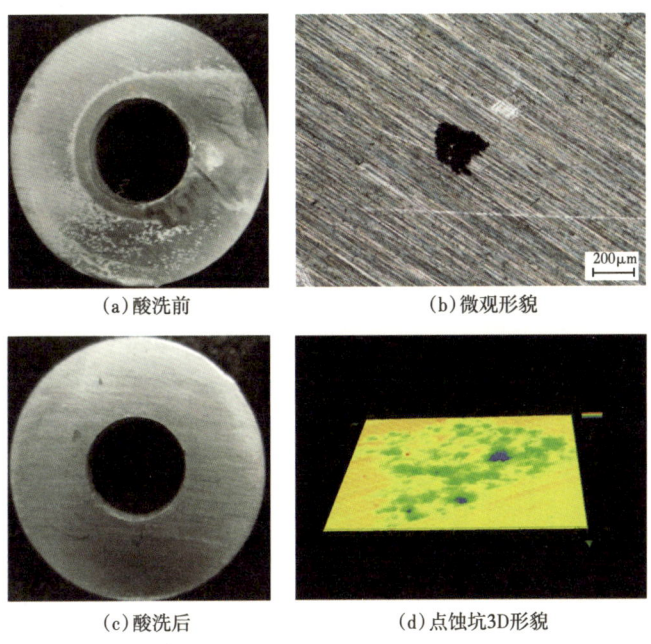

图 3-3-11 S13Cr 经含水率 0.0001%,C 值提高 50% 工况环路实验后的形貌图

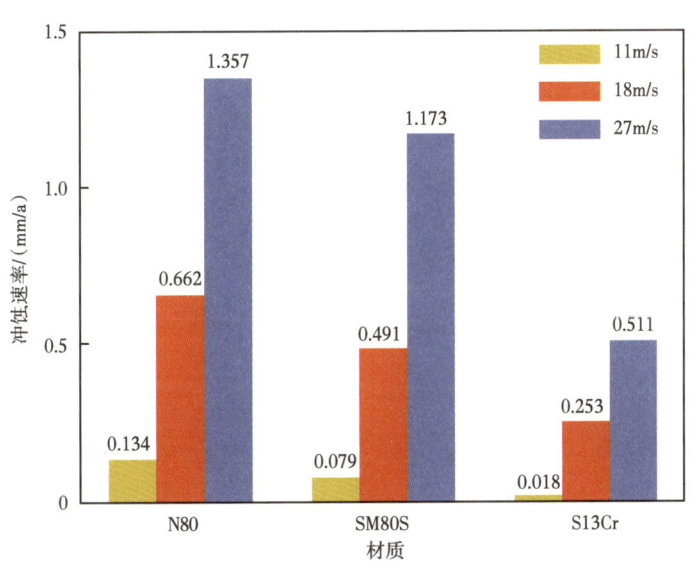

图 3-3-12 三种管材冲蚀速率随着流速的变化规律

25℃,0 MPa CO_2,1500mg/L 含砂量,含水率 0.002%

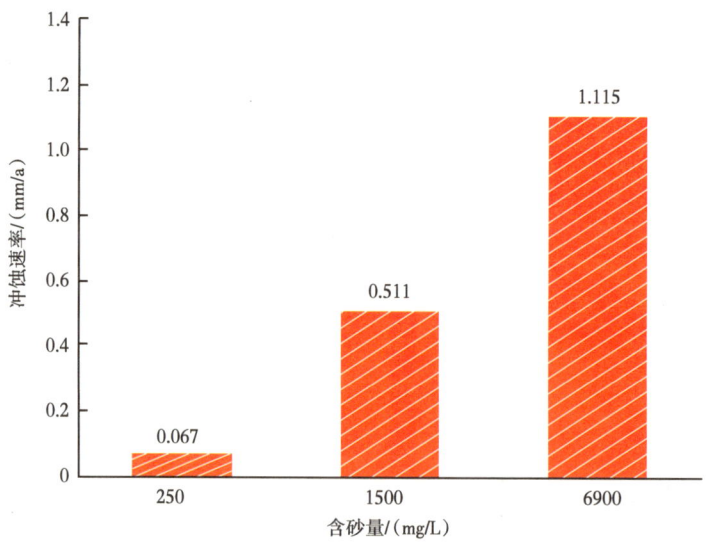

图 3-3-13　25℃，27m/s 流速条件下 S13Cr 冲蚀速率随着含砂量的变化规律

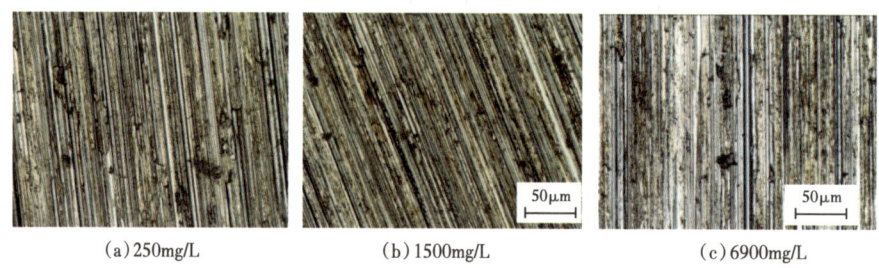

图 3-3-14　样品冲蚀形貌图

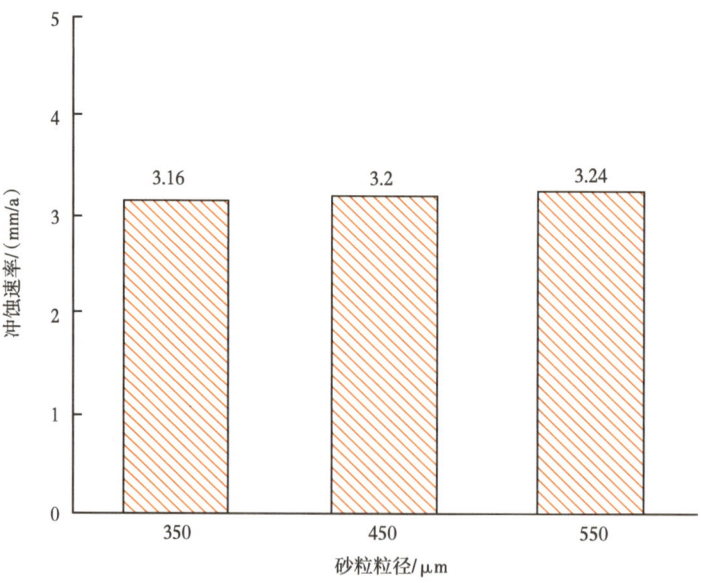

图 3-3-15　N80 油管在不同砂粒粒径冲蚀环境下的冲蚀速率

第四节　临界冲蚀流量取值模型构建及软件开发

一、临界冲蚀流量取值模型构建

基于大量的旋转笼、环路、气液固三相冲刷模拟实验数据及文献调研（Aiten J. 等，1878；赵学芬等，2006；吕拴录等，2010；赵国仙，2011；卢斌等，2011；练章华等，2012；赵晓辉等，2013；王治国等，2014；杨向同等，2014；李臻等，2014；彭文山等，2015；赵宪萍等，2015），构建了如图 3-4-1 所示的储气库注采管柱临界冲蚀流量取值模型。该模型的具体设计思路如下：

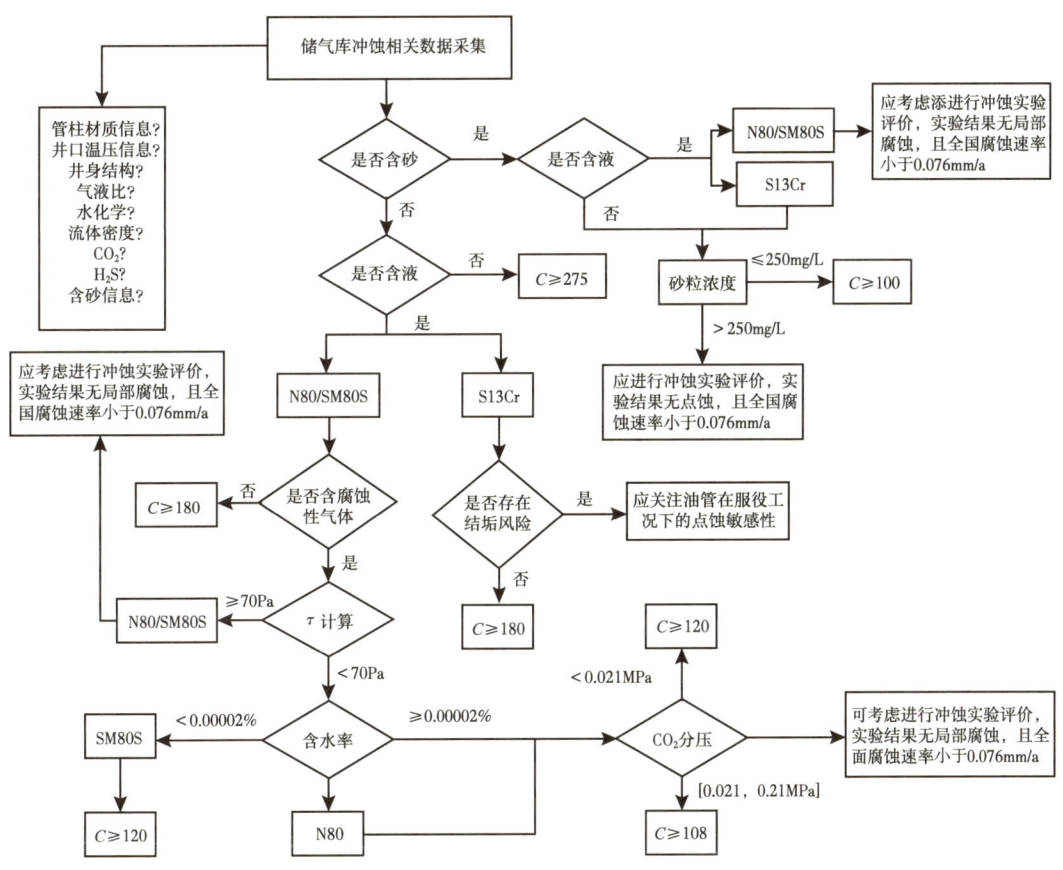

图 3-4-1　临界冲蚀流量取值模型

首先采集储气库冲蚀相关数据，主要包括以下参数：管柱材质、井口温度、井口压力、井身结构、气液比、水化学、流体密度、CO_2 含量、H_2S 含量及含砂信息等。考虑到室内实验模拟工况与现场实际工况区别，临界冲蚀系数 C 和临界冲蚀流量模型考虑一定的安全系数：

（1）当流体含砂时。

如果管柱材质为 N80/SM80S，且流体含砂含液，则应进行对应工况下的冲蚀评价实验，实验结果应无局部腐蚀，且全面冲蚀速率小于 0.076mm/a；如果含砂但是不含液，或者含砂且管柱材质为S13Cr，则当砂粒浓度不大于250mg/L时，C不小于100，当砂粒浓度大于250mg/L时，应进行冲蚀实验评价，实验结果应无点蚀，且全面冲蚀速率小于0.076mm/a。

（2）当流体不含砂，且不含液体时，则N80、SM80S和S13Cr材质的C不小于275；

（3）当流体不含砂，但是含液时。

如果管柱材质为S13Cr，C不小于180，但需要关注油管在服役工况下的点蚀敏感性；如果管柱材质为N80/SM80S，当不含腐蚀性气体时，C不小于180；如果存在腐蚀性气体，则需要计算体系的壁面剪切力，当壁面剪切力不小于70Pa时，应考虑进行针对性的冲蚀评价实验，实验结果应无局部冲蚀，且全面冲蚀速率小于0.076mm/a。如果壁面剪切力小于70Pa时，当含水率小于0.00002%时，则C不小于120；当含水率不小于0.00002%时，则需要进一步判断其CO_2分压。当CO_2分压小于0.021MPa时，C不小于120；当CO_2分压大于0.21MPa时，应考虑进行针对性的冲蚀实验评价，实验结果应无局部冲蚀，且全面冲蚀速率小于0.076mm/a；当CO_2分压介于两者之间时，C不小于100。

通过对N80、SM80S和S13Cr等3种不同材料工况下临界冲蚀流速变化规律的研究，建立了临界冲蚀流量取值模型，并绘制3种材料的临界冲蚀流量取值图版，如图3-4-2所示。

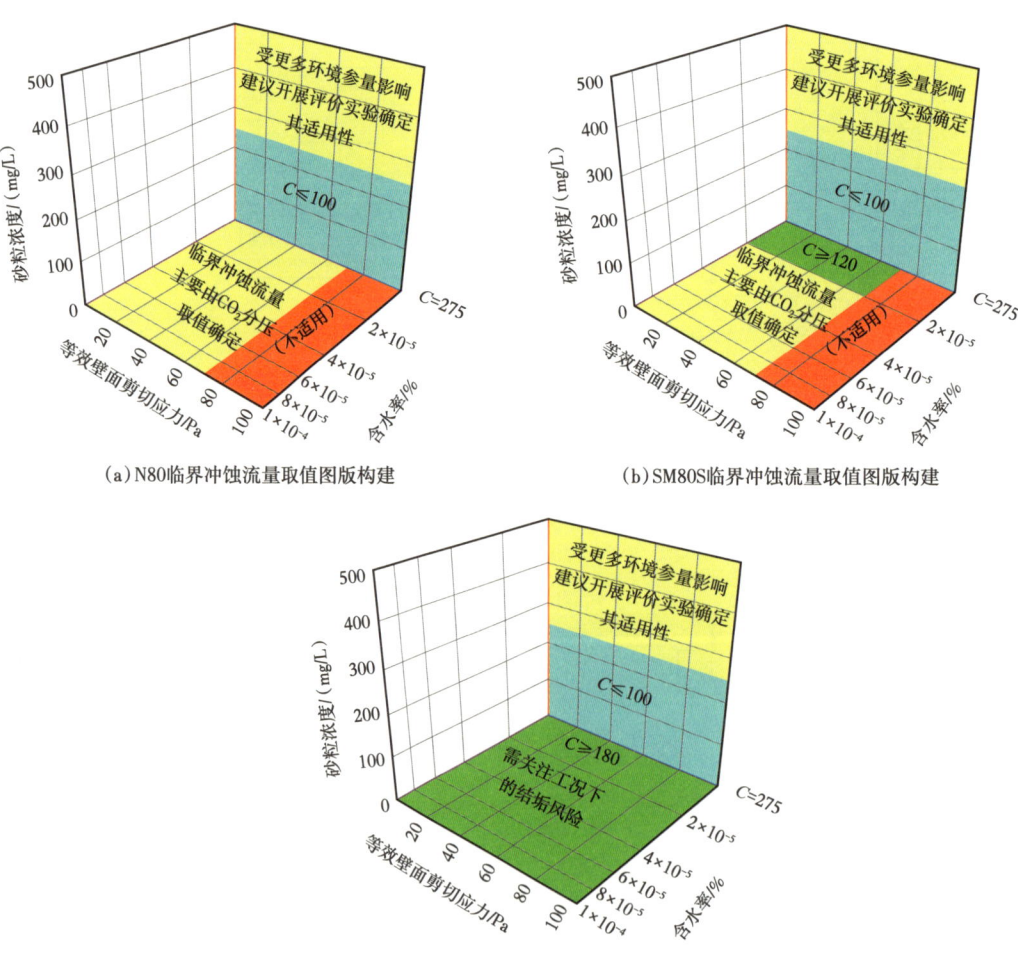

(a) N80临界冲蚀流量取值图版构建

(b) SM80S临界冲蚀流量取值图版构建

(c) S13Cr临界冲蚀流量取值图版构建

图3-4-2 临界冲蚀流量取值图版构建

二、临界冲蚀流量计算软件开发

1. 计算所需参数

临界冲蚀流量计算软件是基于前面章节中临界冲蚀流量取值模型编写而成。该软件编写过程中主要考虑材质、管材参数、井身结构、日产量（包括水、气）、温度、压力、腐蚀性气体（如 CO_2）、含砂信息、水化学信息等因素，具体考虑参量见表 3-4-1。

表 3-4-1 软件计算考虑参量

考虑因素	具体参量
材质	N80、SM80S、S13Cr
管材参数	管径、壁厚等
井身结构	井深
日产量	产气量、产水量
温度	井底、井口温度、温度梯度
压力	井底、井口压力、压力梯度
腐蚀性气体含量	CO_2 含量、H_2S 含量
含砂信息	含砂量等
水化学信息	$C[CO_3^{2-}]$、$C[HCO_3^-]$、$C[SO_4^{2-}]$、$C[Cl^-]$、$C[Ca^{2+}]$、$C[Mg^{2+}]$、pH 值

2. 软件编写计算模型及计算模块

临界冲蚀流量计算软件开发模型主要依据材质（N80、SM80S、S13Cr）的情况将模型分解成 3 个子模型，具体如图 3-4-3、图 3-4-4 和图 3-4-5 所示。

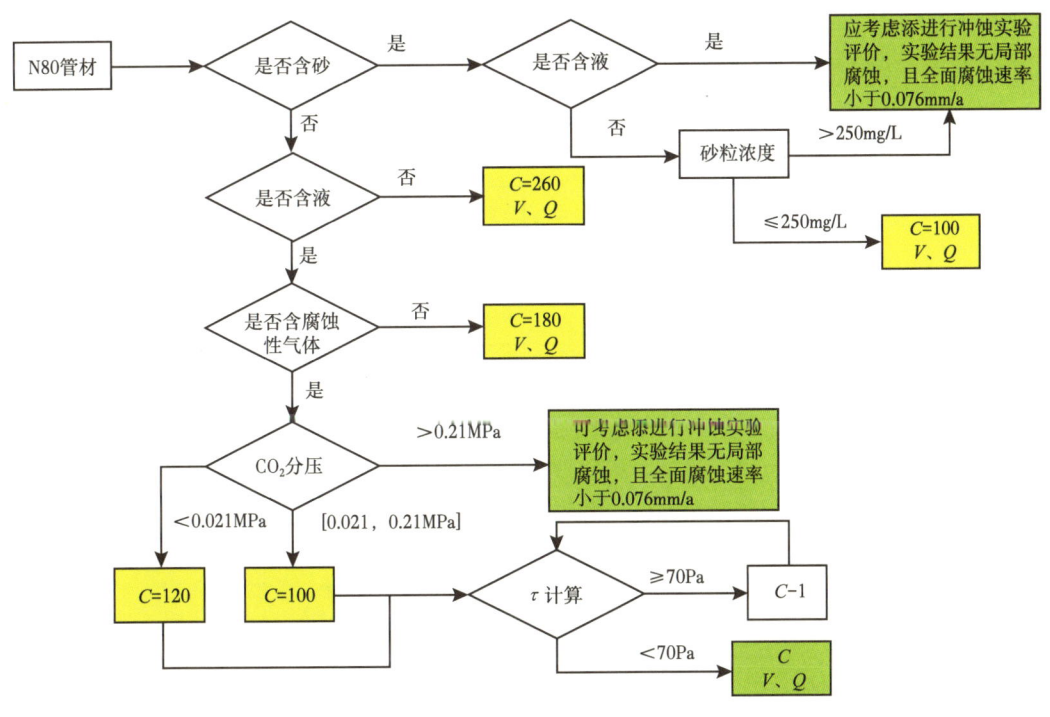

图 3-4-3 N80 临界冲蚀流量计算模型

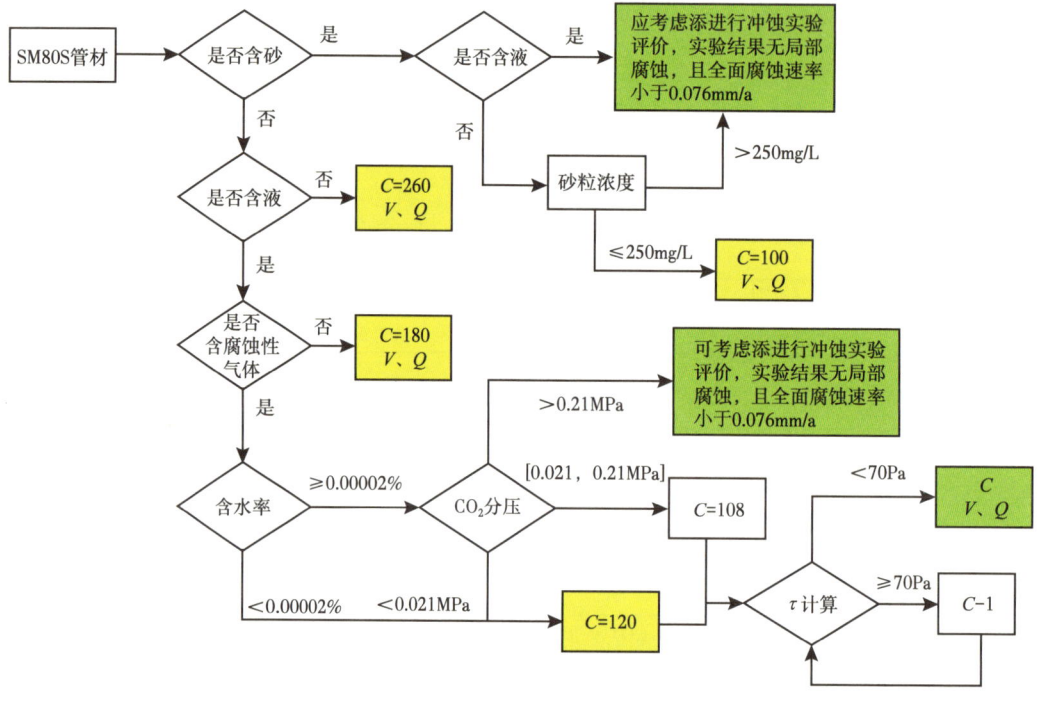

图 3-4-4　SM80S 临界冲蚀流量计算模型

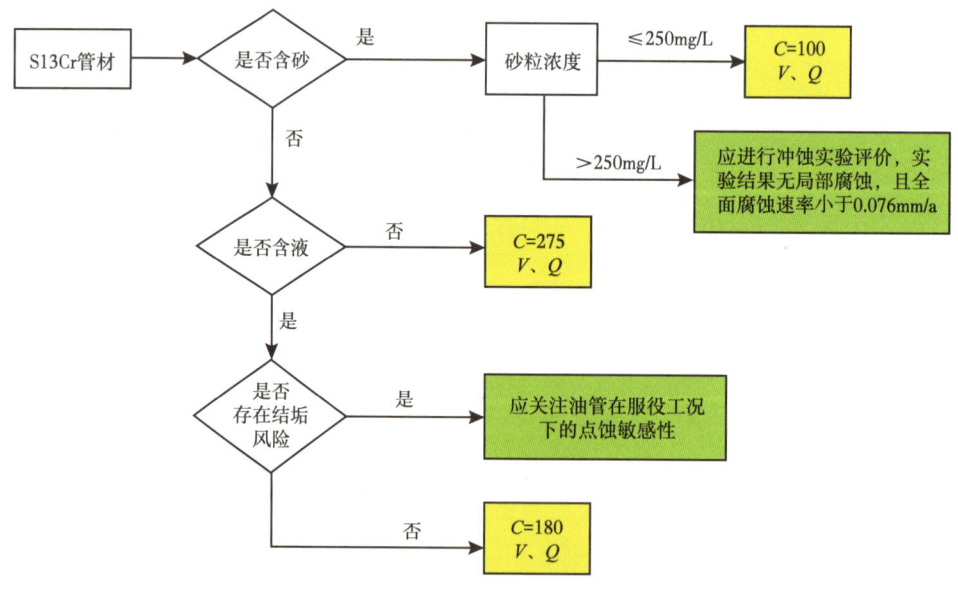

图 3-4-5　S13Cr 临界冲蚀流量计算模型

3. 软件介绍

注采管柱临界冲蚀流量计算软件基本上可以实现临界冲蚀流速、临界冲蚀流量、冲蚀系数选取等功能。该软件功能主要由以下界面构成，如图 3-4-6 和图 3-4-7 所示。

第三章 注采管柱临界冲蚀流量优化技术

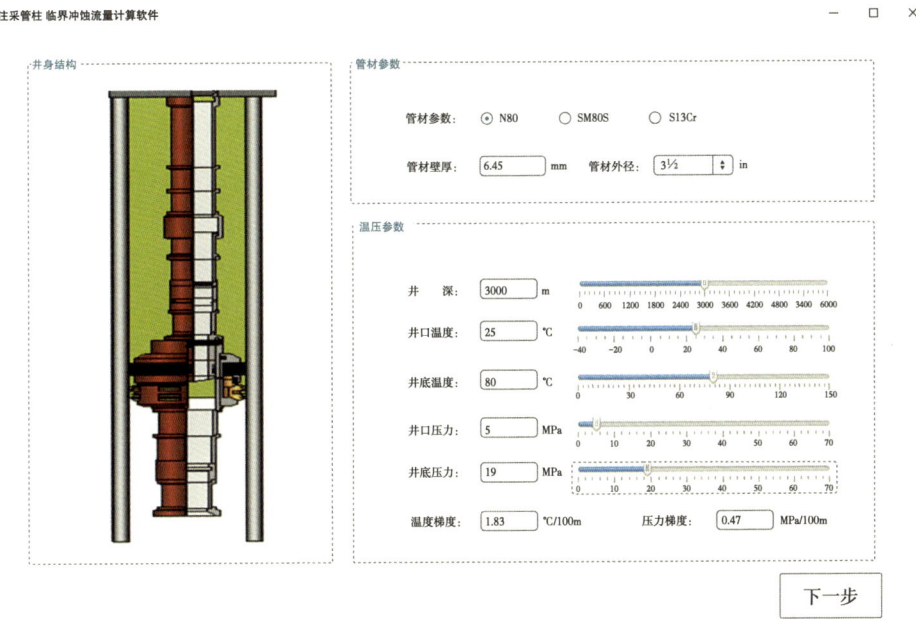

图 3-4-6　软件第二个界面

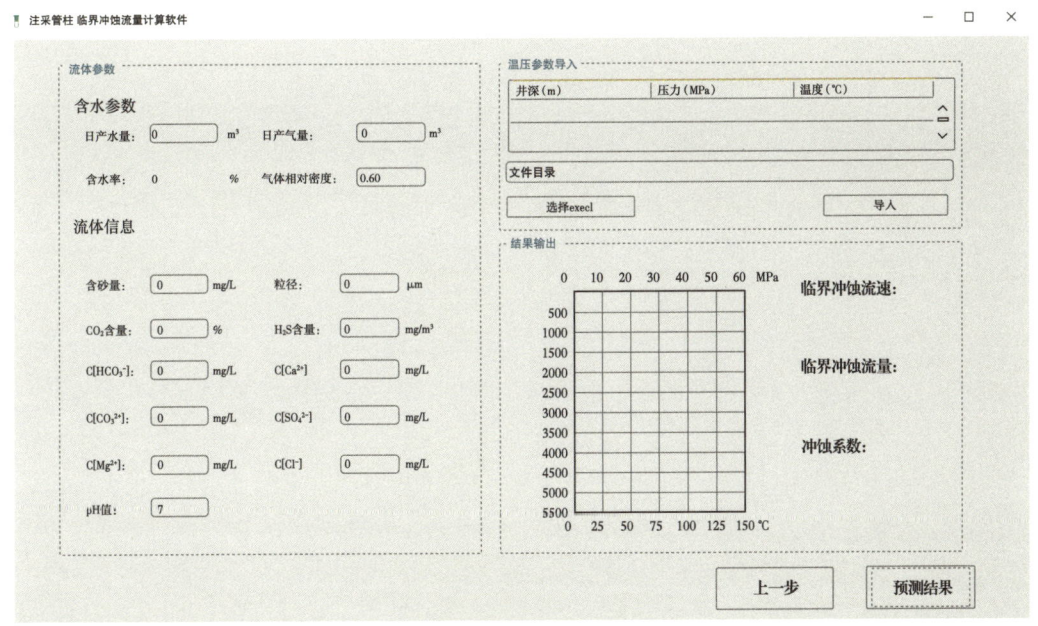

图 3-4-7　软件第三个界面

第一个界面：井身结构、管材参数、温压参数等信息输入界面。该界面主要用于输入管材参数、管材壁厚、温压参数等信息。同时，界面本身都设定了一些默认值，方便后续计算。

63

第二个界面：流体参数、温压参数导入等信息输入和结果输出界面。该界面主要用于输入含水参数、流体信息、温压参数导入。当数据导入/输入完成时，点击预测结果，即可在结果输出框内得到温压随井深变化图、临界冲蚀流速计算结果、临界冲蚀流量计算结果，以及对应的冲蚀系数的选取等。

第四章 不同类型井管柱优化设计技术

井筒内生产管柱是井底到地面的流通通道，该通道通畅与否直接影响注采气量及后期措施的实施。完井生产管柱除了油管外，还有各种井下工具以满足不同完井方法、注采气工艺和后期作业的要求。生产管柱的设计遵循的原则包括：(1)既要满足完井作业要求，又要满足注采气的需要，还要考虑后期作业的需求；(2)在安全前提下，尽量减少井下工具数量；(3)考虑腐蚀、冲蚀的影响；(4)减少局部过大压力损失；(5)保护套管。油管选择包括尺寸、强度、材质和结构等设计，本章主要介绍尺寸和结构的优化设计。

第一节 合理注采管柱尺寸

一、注采管柱尺寸确定方法

注采管柱尺寸选择主要是通过节点分析技术，确保在不同注采压力条件下，注采管柱尺寸能够满足设计注采气量要求，同时满足注采井冲蚀、后期携液等要求，并考虑经济效益，综合设计合理的注采管柱尺寸。目前，节点分析、携液分析和压力损失分析等技术已经较为成熟，且在储气库注采管柱设计过程中广泛使用。仅有冲蚀分析有一定的分歧，目前多采用 API RP 14E 标准计算临界冲蚀流量，在确保不发生冲蚀的情况下选择合理的注采管柱尺寸（梁涛，2007；袁光杰，2013；汪雄雄，2014）。

1. 节点分析

气井节点分析法是运用系统工程理论基础知识研究气藏、采气和集输工程压力和流量之间关系的方法。通过节点分析法，对系统运行参数进行优化，合理利用气藏能量，改善气藏开发效果，有效提高经济效益。由于开发地下储气库的需要，节点分析法应用到了储气库中。气井节点分析法的作用：

（1）能够在当前生产条件下确定气井动态特征；
（2）优选某生产状态下气井最优控制气量；
（3）对生产井进行系统优化分析，找出产量受阻根源，提出相应举措；
（4）有利于生产管理人员较快找出提高气井产量的途径。

为了确定气井流入动态曲线，通常是在某些地层压力条件下，测试各个井底流动压力条件下的采气井产量，这就是所说的气井试井。更确切地说，就是确定单井产能方程。即使同一类注采气井的地层压力及井底流压基本相同，但是各井的产气量也不一定相同，据此得出各个单井不同的流入、流出特性。通过对单井进行节点分析，确定气井工作制度。节点分析计算已经非常成熟，目前有成熟的专业计算软件。

2. 抗冲蚀分析

管柱抗冲蚀能力分析是尺寸设计中非常重要的研究内容。需确保在注采工况条件下，优选的管柱的注采气量小于临界冲蚀流量。目前常用的设计方法是参照 API RP 14E 标准计算不同工况下管柱的临界冲蚀流量。临界冲蚀系数的选择可参考本书第三章的内容开展实验和选取。

3. 携液能力分析

管柱的携液能力主要通过临界携液流量进行评价，确保在注采工况条件下，优选的管柱的注采气量大于临界携液流量。影响临界携液流量的因素有很多，计算模型也很多，可根据实际需要选用。

（1）地层压力。

地层压力是气井能量的来源。地层压力下降一方面造成井底流压下降，另一方面降低了气井单井产量。不同生产油管尺寸所需的临界流量是随地层压力变化的，随着地层压力的降低，所需的临界流量是下降的，这主要是因为随着地层压力的下降，气流在井底条件下受的压缩减少，达到完全携液流速所需的产气量在地面标准条件下也就随之减少了。

（2）温度。

随着温度的增加，所需的临界流量是减少的，这是因为温度的增加会增加气体流速，那么所需井口标况下的气体体积就会减少，对应的临界流量也就减少。

（3）水气比。

气井产水初期，为了带出积液所需的流量将迅速增加，但随着产水的增多，临界流量的增加趋势会有所减缓。

（4）产出液密度。

气田产出的地层液体中包含水、凝析油以及一些溶于水中的矿物质，这些都会影响产出液的密度。随着产出液密度的增加，临界流量是变大的。

（5）界面张力。

对液滴自身来说在气流中受到两种力的作用，一种是企图将它破坏的压力（惯性力），另一种是力图保持它完整的力（表面压力）。可以看出保持液滴完整的力是跟界面张力成正比的，界面张力越小，那么液滴保持完整的能量就越弱，液滴就容易被破坏成更小的液滴，而小的液滴更容易被带出地面，所需的临界流量也就也小。目前国内外常用的临界流量计算模型主要有杨川东方法、Turner 模型、李闽模型等，各种方法计算出来的结果相差很大，例如李闽模型的计算结果是 Turner 方法的 38%。因此，需要结合具体气田的相关地质和生产情况优选适合的临界流量计算模型。

二、现役主要储气库注采管柱尺寸现状

现役板桥储气库群、苏 4 储气库、呼图壁储气库和相国寺储气库都采用 API RP 14E 标准计算临界冲蚀流量。各储气库设计之初，参照各自成熟经验并结合储气库自身实际特点，临界冲蚀系数 C 值取值有所差别，见表 4-1-1；进而结合设计注采能力，综合考虑节点分析、冲蚀、携液和经济效益，现役储气库注采管柱尺寸见表 4-1-2。

表 4-1-1　现役储气库临界冲蚀系数 C 值取值范围

序号	储气库	C 值
1	板桥	100~120
2	苏4	120
3	相国寺	150
4	呼图壁	120

表 4-1-2　现役储气库注采管柱尺寸表

序号	储气库	管柱尺寸
1	板桥	$3\frac{1}{2}$in、$4\frac{1}{2}$in
2	苏4	$4\frac{1}{2}$in
3	相国寺	$4\frac{1}{2}$in（两口井 7in）
4	呼图壁	$4\frac{1}{2}$in

为满足强注强采要求，储气库井多倾向于采用大尺寸注采管柱。由表 4-1-2 可知，现役储气库主流的管柱尺寸为 $4\frac{1}{2}$in，大港储气库群有少量 $3\frac{1}{2}$in 和 $2\frac{7}{8}$in 的注采管柱，板桥储气库部分井采用 $3\frac{1}{2}$in；相国寺储气库由于储层物性好，设计了两口大尺寸井，采用 7in 管柱。

第二节　不同类型井管柱结构优化设计

一、储气库现役注采管柱结构

中国石油储气库注采管柱的井下工具选型各库不尽相同，封隔器倾向于永久式封隔器。不同储气库注采管柱稍有差别，主要在伸缩短节和循环滑套的选取方面，主要有以下几种类型：

1. 以板桥储气库群为代表的管柱结构

板桥储气库群注采管柱示意图如图 4-2-1 所示，从上到下主要包括：井下安全阀、伸缩短节、滑套、永久式封隔器、坐落短节、机械枪丢手以及射孔枪等。在生产实践中，发现伸缩短节易发生漏失失效，因此在后期修井作业中，全部取消了伸缩短节，提高管柱的完整性。中国石油储气库中仅有大港储气库老井中仍有部分井安装伸缩短节，其余储气库的注采井管柱全部取消伸缩短节。

2. 以相国寺、呼图壁储气库为代表的管柱结构

相国寺储气库和呼图壁储气库的注采管柱上无循环滑套（李杰，2018）。取消循环滑套可进一步提高管柱的完整性，但同时也为完井、修井作业带来不便。相国寺储气库注采管柱示意图如图 4-2-2 所示。此外，相国寺储气库是唯一采用双封隔器注采管柱的储气库；采用双封隔器主要目的是减少储层伤害、充分保护储层。

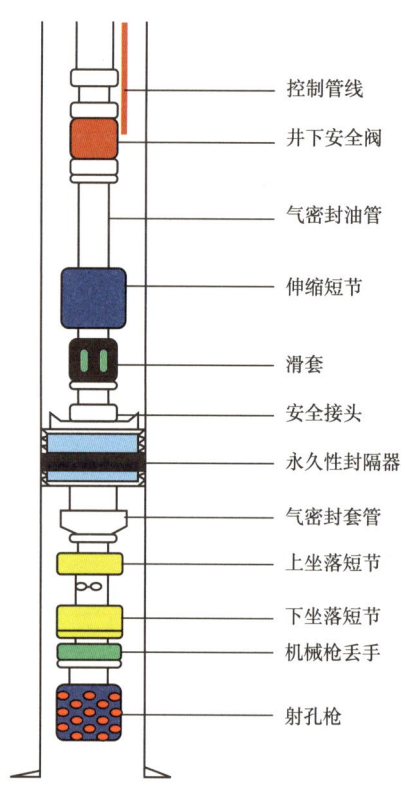
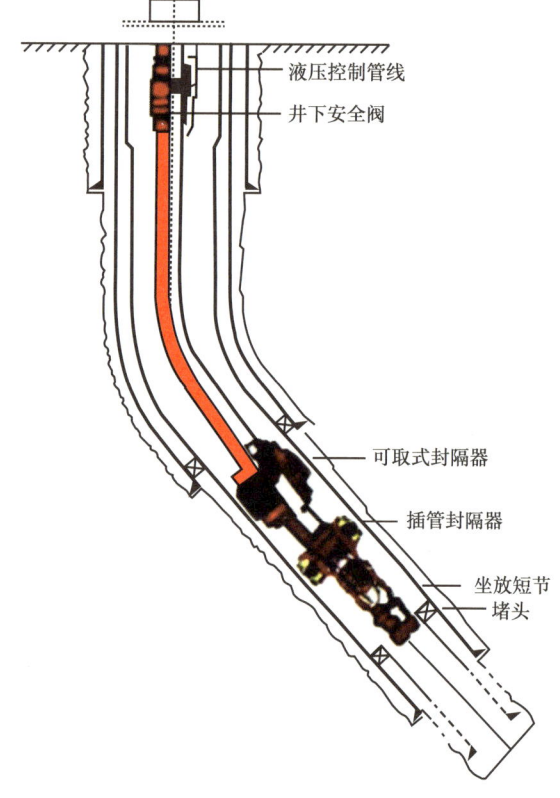

图 4-2-1 大港储气库注采管柱示意图　　图 4-2-2 相国寺储气库注采管柱示意图

二、井下工具优选

注采管柱由井下工具和油管组成，主要的井下工具包括：井下安全阀、循环滑套、伸缩短节和生产封隔器等。

1. 井下安全阀

井下安全阀是确保注采井安全生产的重要设备，安装在井口以下 100m 左右，其设计需满足的条件包括：（1）关闭状态下阀板与阀座为金属对金属密封，确保关井安全；（2）中心流动管与活塞为一体性设计，保护安全阀内部部件不受井内流体冲蚀；具有自平衡功能，开关操作简单方便；（3）部件材质要耐 CO_2、H_2S 腐蚀；（4）本体与接头连接均为金属对金属的气密封螺纹。高低压传感器相当于压力检测装置，检测到压力高于或低于设定值时，向执行机构发出指令关闭井下安全阀。采气树上方安装易熔塞，当井口区发生火灾或温度高于易熔塞的设定值时，易熔塞融化，井口控制盘回路泄压，自动关闭井下安全阀。由于井下安全阀内径与油管内径稍有差别，为避免高速流体对安全阀造成冲蚀，应在安全阀上下两端安装流动短节。

井下安全阀按照回收方式可分为钢丝回收式和油管回收式；目前多使用油管回收式井下安全阀。井下安全阀按照阀体不同可分为球阀式和板阀式。球阀式井下安全阀中间可通过工具，但当控制系统失效后安全阀将无法再打开，这将导致注采井关井停产，并给作业带来很大危险。现在使用的多是阀板式井下安全阀,克服了上述风险,推荐注采井采用油管回收板阀式井下安全阀。

2. 循环滑套

循环滑套主要用于完井作业时建立循环通道,加注环空保护液;在修井作业时,建立循环通道,替压井液进行循环压井。循环滑套需要进行钢丝作业,用专业工具打开或关闭,存在一定的作业风险。目前,在塔里木、西南油气田高温高压含腐蚀性介质深井,全部未安装循环滑套,避免循环滑套发生潜在的泄漏。如果不安装循环滑套,在修井作业时,可以进行油管射孔实现循环压井,但存在作业风险。

目前,中国石油在役储气库除呼图壁、相国寺储气库外,其余储气库均安装循环滑套;板桥储气库群运行了10余年,仅有1口井滑套打开困难;但现场实践表明,循环滑套存在一定的漏失风险,是潜在的漏失点。因此,储气库可根据自身实际需要及工艺技术特点,选择是否安装循环滑套。

法国苏伊士公司采用偏心工作筒代替循环滑套。苏伊士公司的储气库井井深1700~1900m,温度20~70℃,工况较为简单。不管是循环滑套还是偏心工作筒的钢丝作业,难度都较低,风险较小;采用偏心工作筒可更好地实现建立循环通道,且有效降低漏失风险。

国内储气库的注采工况复杂,最深的苏4储气库,储层埋深4700m,偏心工作筒作业难度大,失效概率更高。表4-2-1是斯伦贝谢公司偏心工作筒的参数,可以看出偏心工作筒内径普遍比油管小16mm,这将导致临界冲蚀流量减少30%左右;此外,国内储气库多采用7in套管,其内径在160mm,而 $4\frac{1}{2}$ in 工作筒的外径接近或超过套管内径,偏心工作筒下入困难,存在遇阻风险。因此,国内储气库井况更复杂,不宜采用偏心工作筒。

表4-2-1 斯伦贝谢公司偏心工作筒参数

型号	油管/mm	外径/mm	内径/mm	压力/MPa
KBMG	88.9	136.9	72.8	31
	114.3	163.9	97.4	34
KBMGE	88.9	136.9	72.8	31
KBG-2	88.9	136.4	72.0	86
	114.3	152.0	91.4	71
MMM	88.9	151.6	72.8	37
	114.3	178.6	97.4	34
MMG	88.9	151.6	72.8	48
	114.3	178.6	97.4	41

现场实践表明,储层埋深越浅、压力越低,循环滑套作业风险越低,成功率越高。综合考虑国内储气库井深范围从2200~4700m、工作压力从11~45MPa等特点,埋深

3000m以内注采井工作压力相对较低、腐蚀性介质（CO_2，H_2S）分压也相对较低。建议埋深在3000m以内的储气库井或含微量腐蚀性介质的储气库井安装循环滑套，其他井选择性安装。

3. 伸缩短节

在注采作业过程中，由于井筒内温度、压力变化而引起油管柱伸缩变形，为有效地进行伸长或缩短补偿，改善管柱受力，提高管柱安全性，需要考虑添加伸缩短节。设定伸缩短节一定的冲程和预留长度，就能够同时满足伸长或缩短的功能需求。

石油行业标准SY/T 6645—2006《枯竭砂岩油气藏地下储气库注采井射孔完井工程设计编写规范》第6条中明确规定，注采管柱可选择伸缩短节以改善管柱受力。

伸缩短节对不同工况影响不同，对有些工况影响显著，而对有些工况影响较小。以射孔、关井和酸化三种工况为例进行计算，结果见表4-2-2。从结果可以发现：

（1）在射孔、关井和酸化三种工况中，当安装伸缩短节后，井口轴向力均有所降低，轴向力从1170kN降低到612kN，安全系数有所提高，酸化时井口安全系数从1.42提高到2.02。

（2）在射孔、关井和酸化三种工况中，管柱未安装伸缩短节时呈收缩趋势，酸化收缩4m左右，但由于封隔器固定，收缩趋势转化为拉力，在安装伸缩短节后，管柱收缩3.78m。

表4-2-2 伸缩短节对管柱安全性影响

井口管柱		射孔	酸化	关井
不加伸缩短节	轴力/kN	816	1170	806
	管柱变形/cm	−127	−404	−75
	安全系数	2.11	1.42	1.93
添加伸缩短节	轴力/kN	583	612	629
	管柱变形/cm	−128	−378	−85
	安全系数	2.85	2.02	2.19

在伸缩短节优化设计时，需要考虑伸缩短节长度、下入深度等。伸缩短节长度主要根据管柱伸缩长度进行设计，一般应预留一定伸缩空间进行伸缩补偿。下入深度一般在封隔器上部，沿管柱向上部移动，伸缩短节的影响逐渐降低。

伸缩短节采用动态胶圈密封，无法保证长期高温环境下的密封。板桥储气库对起出的伸缩节进行清水试压，大约90%不密封。由此可见，伸缩短节是潜在的泄漏点，且泄漏概率很大。目前，仅有板桥储气库群中早期完井投产的注采井中采用了伸缩短节，后期完井和修井作业的注采井全部取消了伸缩短节，以增加管柱的密封性。

此外，可以采用完井时施加预应力和环空保护压力改善管柱受力。根据优化分析，通过向环空施加保护压力，可改善管柱受力；更进一步，注气过程中，从安全系数和管柱伸缩变形趋势两个方面综合来看，环空适当加压有利于改善管柱受力，提高安全系数。在采气过程中，环空加压会增加管柱伸缩变形趋势，不推荐在采气过程中环空额外加压。

4. 生产封隔器

储气库井注采生产过程中，不可避免导致压力发生变化，为避免套管承受高压，需要安装生产封隔器保护套管；此外，注采气中含有一定量的腐蚀性介质，封隔器可以避免套管接触腐蚀性介质，导致套管发生腐蚀。由于注采管柱发生失效可进行修井作业进行替换，但套管一旦发生腐蚀破坏，很难进行修复。因此，一定要保护套管。

生产封隔器分为永久式封隔器和可取式封隔器。永久式封隔器结构简单，胶筒厚度大，可靠性高，不存在受管柱附加载荷影响提前解封风险；后期解封需要进行磨铣或下专用工具。可取式封隔器结构较复杂，可靠性相对较低，中途有上提解封风险；可通过上提解封，操作简单；若不能正常上提解封的情况，则需要切割油管或磨铣封隔器的工序。两种封隔器对比见表4-2-3。

表4-2-3　不同类型封隔器对比表

类型	可靠性	解封方式	价格	大港应用情况
永久式封隔器	结构简单，胶筒厚度大，可靠性高，不存在受管柱附加载荷影响提前解封风险	磨铣或下专用工具	8万~10万元（安全接头2万~3万元）	28口
可取式封隔器	结构较复杂，可靠性低，中途有上提解封风险	上提，解封时管柱负荷大；若不能解封，要增加油管切割、磨铣封隔器工序	10万~12万元	48口，修井时其中8口解封不正常，4口不能解封而磨铣处理

对于封隔器的选择与设计还未有明确的参考标准，各储气库多根据自身特点或现场应用经验，选择永久式或可取式封隔器。目前，现役储气库中注采井多采用永久式封隔器，保证长期密封；部分注采井和绝大多数监测井采用可取式封隔器。安装毛细管或永久压力计的井，毛细管测压系统的毛细钢管需要穿越封隔器，该类井需选能够实现管线穿越的封隔器。

综合考虑封隔器类型和储气库井的特点，推荐生产封隔器选型见表4-2-4。

表4-2-4　生产封隔器选型推荐表

井类型	注采井	储层监测井（不注采）	盖层/断层监测井
特点	封隔器座封性能要求高，长寿命/长期不动管柱要求高（10年以上寿命），注采工况恶劣	生产工况相对简单，不要求长期不动管柱，修井作业不影响注采作业	未揭开产层，不生产
推荐封隔器类型	永久式	可取式	不安装封隔器

当然，不同储气库可根据自身特点和本地区成功经验，选择合理的封隔器类型。

三、注采管柱结构优化设计

1. 设计原则

储气库注采管柱设计应遵循以下原则：

（1）安全第一，结构合理，能在预定的工况条件下实现长期安全生产；

（2）坚持联作，直井中管柱尽可能具有射孔—投产—生产的功能，减少动管柱施工作

业,降低对储层的伤害;

(3)在注采全过程尽量保持管柱受力均衡、避免管柱受力伸缩变形趋势过大;

(4)保护生产套管的原则,储层上部油套环空实现封闭,使生产套管不承受井筒压力,不接触腐蚀性气体。

2. 管柱结构设计

根据储气库井的实际功能特点,设计了2套8种管柱结构:

(1)井深3000m以深,或3000m以浅且含腐蚀介质需不锈钢防腐的井。

井深3000m以深的井由于埋深大,循环滑套作业难度增加,循环滑套的工作环境更为恶劣;3000m以浅且含腐蚀介质需不锈钢防腐的井,可能存在腐蚀产物,也不利于循环滑套打开、关闭作业以及正常的密封,建议取消循环滑套。因此,分4类井设计管柱结构。

①注采井的管柱结构由上到下依次为:油管+井下安全阀+永久式封隔器+X坐落接头+XN坐落接头+射孔枪(可选);

②储层监测井(进行注采):油管+井下安全阀(流动短节)+永久式插管封隔器+X坐落接头+永久式温度压力计(需穿越封隔器);

③储层监测井(不进行注采):油管+井下安全阀(流动短节)+可取式封隔器+X坐落接头+永久式温度压力计(需穿越封隔器);

④盖层监测井/断层监测井:油管+永久式温度压力计。

管柱结构图如图4-2-3所示。

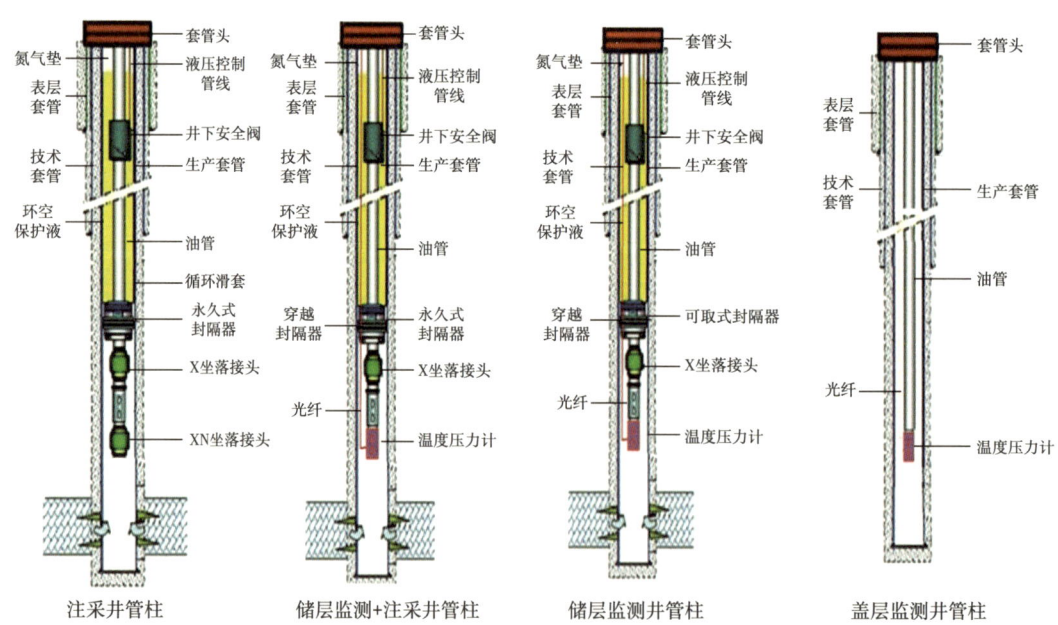

图 4-2-3 储气库注采管柱结构示意图(一)

(2)井深3000m以浅、含微量腐蚀介质无须采用不锈钢防腐的井。

对于井深3000m以浅且含含微量腐蚀介质无须采用不锈钢防腐的井,由于埋深小,循环滑套的工作环境相对较好,循环滑套的作业风险较小,成功率较高,建议安装循环滑套。管柱结构分4类井设计。

①注采井：油管＋井下安全阀（流动短节）＋循环滑套＋永久式插管封隔器＋X坐落接头＋XN坐落接头＋射孔枪（可选）；

②储层监测井（进行注采）：油管＋井下安全阀（流动短节）＋循环滑套＋永久式插管封隔器＋X坐落接头＋永久式温度压力计（需穿越封隔器）；

③储层监测井（不进行注采）：油管＋井下安全阀（流动短节）＋循环滑套＋可取式封隔器＋X坐落接头＋永久式温度压力计（需穿越封隔器）；

④盖层监测井/断层监测井：油管＋永久式温度压力计，如图4-2-4所示。

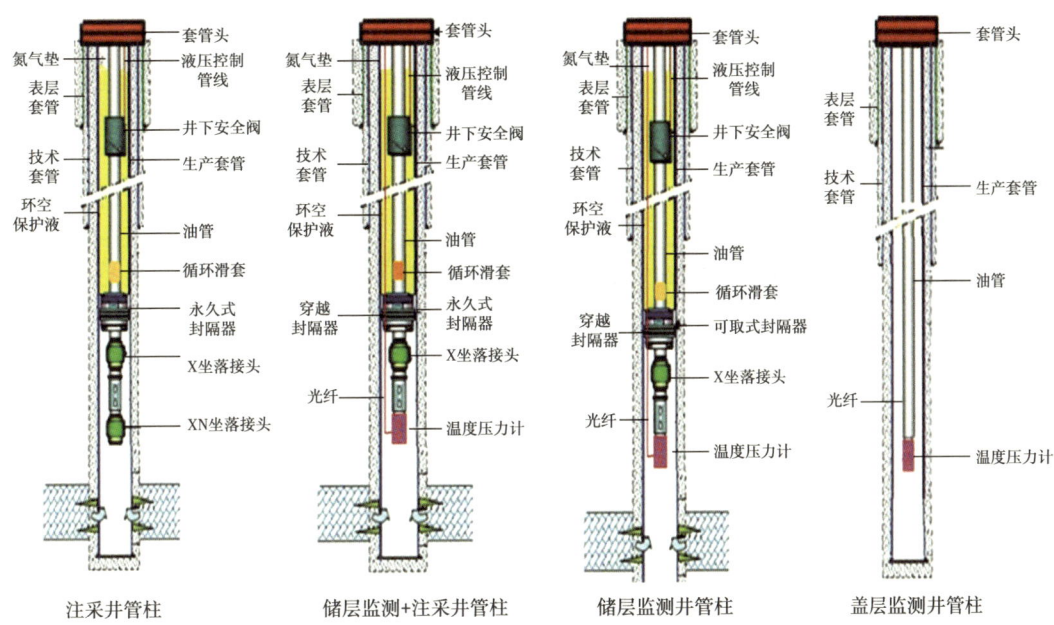

图4-2-4　储气库注采管柱结构示意图（二）

（3）井口装置和安全控制系统。

井口装置和安全控制系统是储气库井的最后一道、也是最重要的一道防线，应予以高度重视。储气库注采井应选择能承受高温、高压的气密封井口装置，满足以下条件：

①适应储气库使用工况，如温度、压力、腐蚀性气体及后期动态监测要求；

②双翼双主阀结构，法兰式连接；

③主密封均采用金属对金属密封；

④油管头四通与生产套管密封为金属密封；

⑤井下安全阀控制管线可实现整体穿越；

⑥采气树出厂前必须进行水下整体密封性实验，确保采气树质量；

⑦闸阀为全通径，主通径与生产管柱配套。

井口装置应参照GB/T 22513—2023《石油天然气工业钻井和采油设备井口装置和采油树》标准要求，根据储气库上限压力、注气压力、流体性质等资料，设计注采井口的压力等级、材质等级和温度等级等参数。

目前，国内储气库多采用图4-2-5所示井口装置。

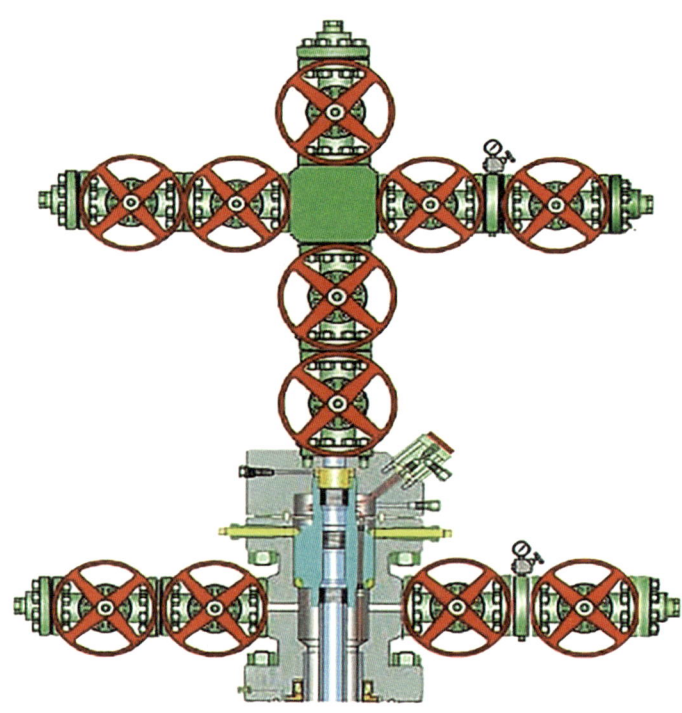

图 4-2-5 井口装置示意图

天然气易燃易爆,生产的安全要求非常高,而储气库长期处于高压状态,安全问题更加突出。储气库注采井的有效安全保障措施是储气库安全运行的前提,安全系统必须满足以下要求:防止注采井生产设备发生泄漏;要确保套管、油管、井口装置等生产设备的密封性,防止天然气从井筒泄漏造成事故;可靠的控制安全系统,防止突发事件造成井下或(和)地面设备损坏时发生天然气泄漏,引起火灾、爆炸等,在洪水、火灾、雷电等突发自然灾害和人为破坏活动或突发事件将地面生产设备破坏或摧毁情况下,可以实现井下自动关井,防止发生无控井喷。

安全系统的安装有两种方式:单井控制、多井联合控制。单井控制就是每口井的安全设备自成系统,不与他井发生联系,特点是简单、有效。可以不安装控制盘,各设备直接控制井下安全阀和井口安全阀。多井联合控制就是通过一个控制盘控制一个井组的多口井。储气库井的井场一般有多口井,各井井口距离较近,如果一口井井口发生事故,很可能会影响临近的井。因此,推荐采用单井控制和多井联合控制相结合的安装方式,这样,在紧急情况下可以统一关井,如果个别单井发生小问题时也不会影响其他井的正常生产。

第五章　注采管柱振动安全评估技术

由于储气库在注采运行中，常常是大排量注气或采气，流体在管柱内高速流动将产生较为复杂紊流过程，同时由于注采工况的变化，使流体的组成、压力、温度在油管柱不同位置、不同时刻都不相同，这些变化将成为管柱振动的重要诱因。注采管柱振动的安全也就成为储气库建设与运行需要考虑的重要因素。

注采管柱振动安全评估是从管柱静力学和管柱振动力学两个方面着手进行分析评估的。管柱静力学分析是管柱力学分析的基础，是以牛顿第一定律、牛顿第三定律为基本理论在管柱静力学范畴内的力学分析，它给出管柱在某一特定的时刻和状态下的力学状态；管柱振动力学分析应用欧拉方法，把管柱内流体的物理量都用空间和时间的函数进行描述。然后通过质量守恒定律、动量守恒定律（牛顿第二定律）、热力学第一定律分别建立起天然气流体的连续、运动、能量的动力学控制方程，再进行流固耦合分析，通过模拟实验，得到符合现场实际的管柱振动力学模型（管德，1991）。

一般情况下，通过理论研究得到的管柱振动力学模型是无法直接求解的，它是将不同参数、不同流态进行反复迭代和推演得出的。为便于现场技术人员分析与应用，将以上分析方法编制成"储气库井注采管柱振动安全评估软件"，以利于现场实际操作应用。

第一节　注采管柱力学分析

注采管柱力学分析是研究管柱在不同注采工况下，不同井口压力、井底压力、井口温度、井底温度、注气量、采气量、注气组分、采气组分、井筒介质等各种参数变化的管柱力学变化的规律（吕彦平，2008；李瑞涛，2009；刘剑辉，2010）。

一、注气工况下注采管柱力学分析

1. 注气工况分析

注气过程中油管柱内的气体密度随着井深的加深而变大，同时井筒内的气体受自身重力的影响随井深加深而压力变大；油管柱在此种情况下主要受管柱自身的重力、液体的浮力和作用在油管柱上的各种压力作用（黄桢，2010；丁建东，2019）。

（1）管柱自由状态工况。

完井管柱下入井筒内未进行封隔器坐封时的状态为自由状态，此时的管柱受力是其后管柱受力分析的基点。其坐封状态、注气状态、采气状态都以自由状态为原始状态进行分析评价。

管柱自由状态完井管柱受力情况如图 5-1-1 和图 5-1-2 所示。

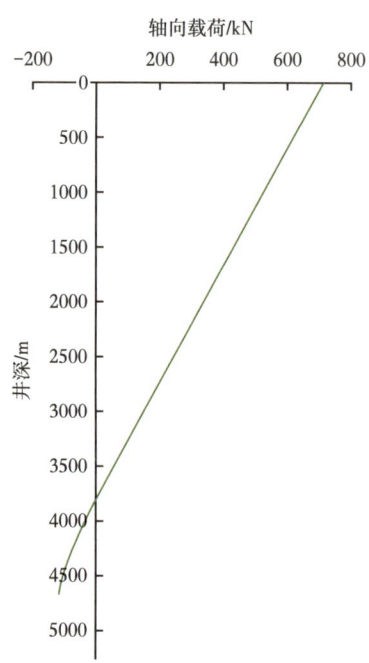

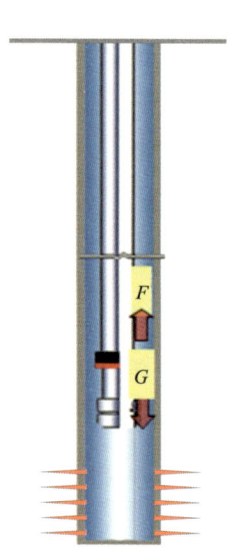

图 5-1-1 自由状态完井管柱受力图　　图 5-1-2 自由状态管柱受力分析曲线

（2）管柱坐封状态工况。

封隔器坐封时向管柱内泵入液体介质，达到一定压力后，封隔器达到最终坐封状态。由于封隔器坐封时管柱受到管柱内液体的活塞效应，管柱会伸长。封隔器坐封后，封隔器将管柱活塞效应产生的载荷作用到套管上，由此看可以看到在受力分析图谱中封隔器处的载荷有一个台阶式跳跃。

坐封状态完井管柱受力情况如图 5-1-3 和图 5-1-4 所示。

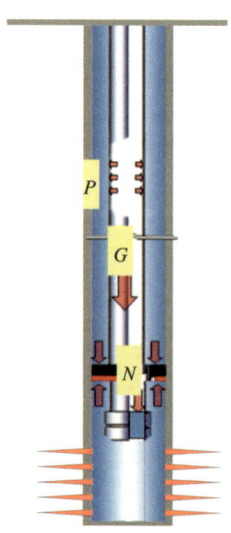

图 5-1-3 坐封状态管柱受力图

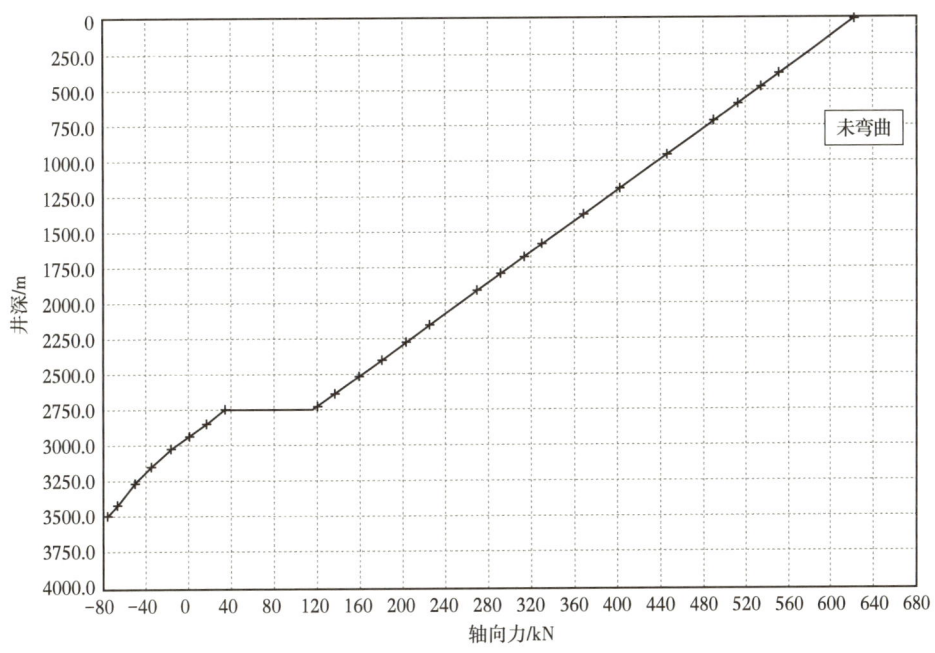

图 5-1-4 坐封状态管柱受力分析图

（3）注入工况。

注气时，通过注气管线持续向井内注入天然气，不断上升，井筒管柱内温度维持注入气的温度，使得温度场在注入气的影响下平稳上升或下降。

注入工况完井管柱受力情况如图 5-1-5 和图 5-1-6 所示。

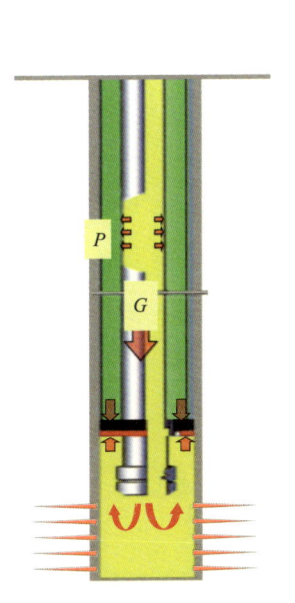

图 5-1-5 注气管柱受力图

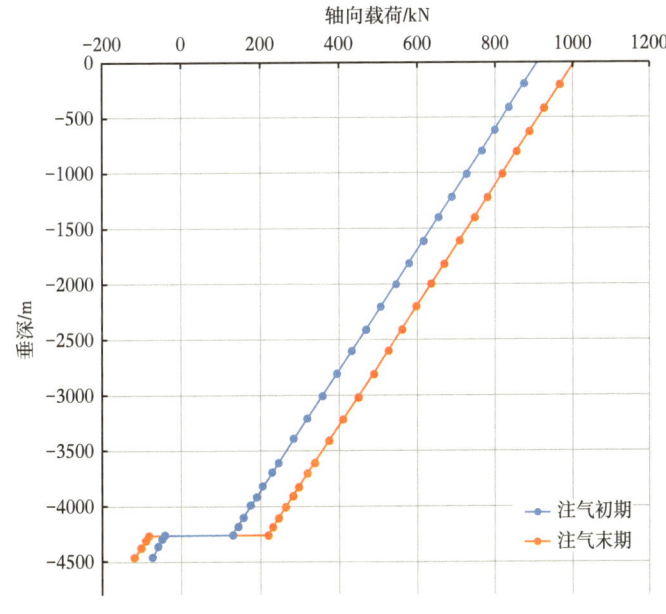

图 5-1-6 注气管柱受力分析曲线

2. 注气管柱力学行为分析

（1）注气压力和注气量对注气管柱的影响。

注气期注气压力和注气量的变化对完井管柱受力情况具有最直接的影响，通过注气压力、注气量的变化导致井口及封隔器处受力的变化进行注气管柱力学行为的研究，如图 5-1-7 至图 5-1-10 所示。

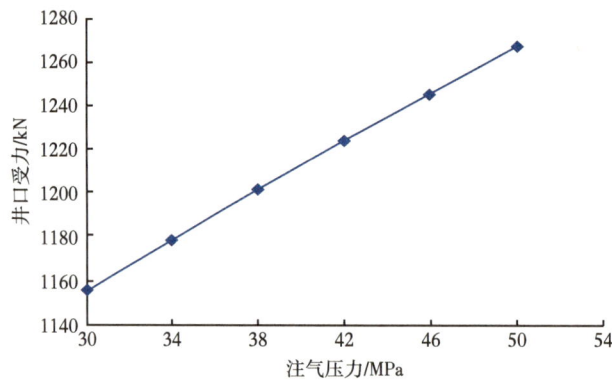

图 5-1-7　注气压力与井口受力关系曲线

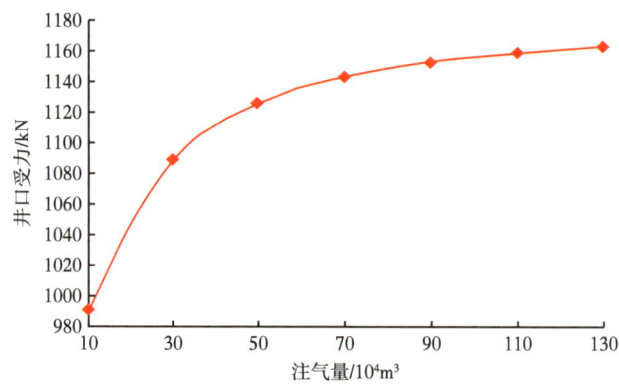

图 5-1-8　注气量与井口受力关系曲线

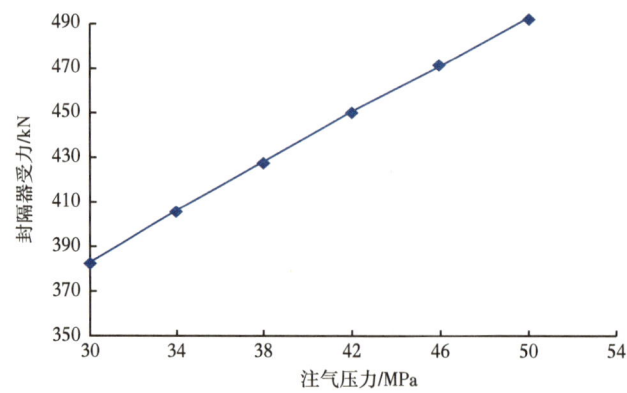

图 5-1-9　注气压力与封隔器受力关系曲线

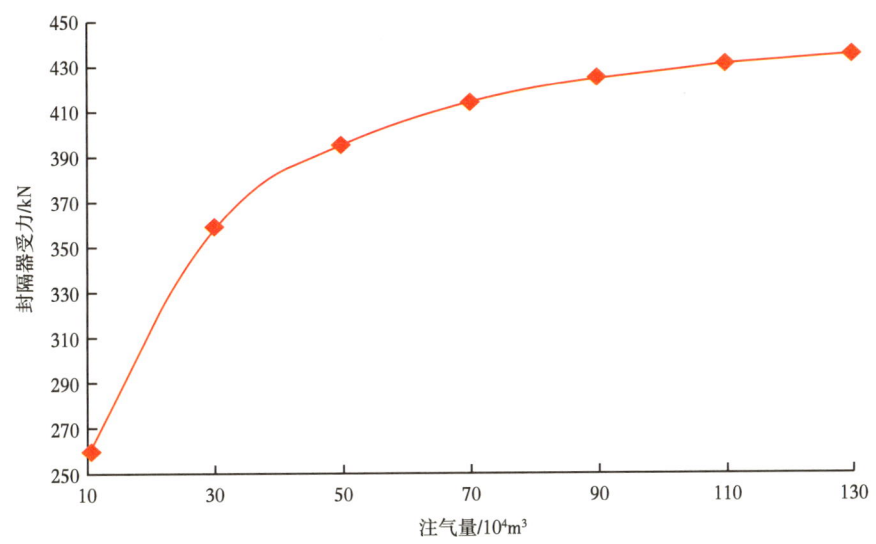

图 5-1-10　注气量与封隔器受力关系曲线

由图可以看出：在注气期，井口及封隔器受力随注气压力、注气量的增加而增大；注气初期随着注气量的增加，井口及封隔器处的受力发生急剧变化，但随着注气量的持续增加，受力变化又慢慢趋于平缓，因此需要在实际注气过程需要采取相应生产制度，控制初期注入量的提升速率。

（2）各种效应对注气管柱的影响。

在整个注气工况中，完井管柱主要受到油管自重、温度效应力、活塞效应、鼓胀效应力和螺旋弯曲效应力等影响，导致管柱由于受力变化而产生伸长或缩短。

3. 单井注气受力分析示例及安全评价

1）单井完井管柱注气受力分析计算条件

（1）注入过程按照稳定注入过程分析。

（2）环空保护液密度按 $1.0 g/cm^3$、热膨胀性质按照清水考虑。

（3）考虑油套环空井口压力为 0。

（4）注气温度按照 60℃ 考虑。

（5）下管柱前井筒压井液密度按照 $1.0 \ g/cm^3$ 考虑，套管摩擦系数 0.25，裸眼摩擦系数 0.30。

2）单井完井管柱注气受力分析示例

根据 SK 储气库的特点，以 SKX-P1 井为例开展注气受力分析。

（1）SKX-P1 井自由状态。

油管柱下过程中最大载荷 711kN，抗拉安全系数 2.48。中和点深度为井深 3800m，其受力分析如图 5-1-11 所示。

（2）SKX-P1 井坐封状态。

封隔器坐封后，油管拉力为 852kN，安全系数为 2.07，其受力分析如图 5-1-12 所示。

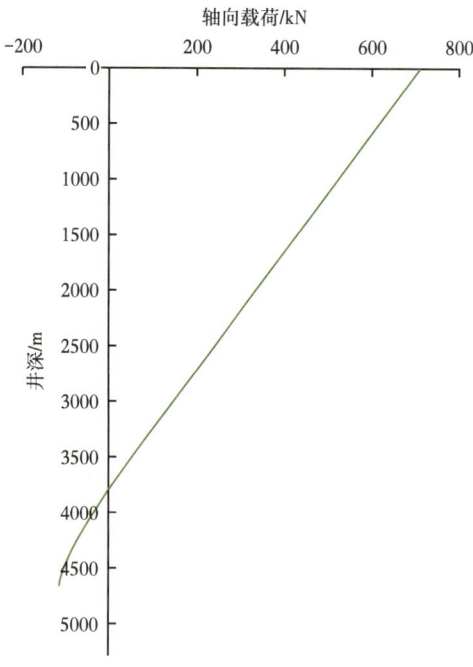

图 5-1-11　完井管柱自由状态受力分析曲线

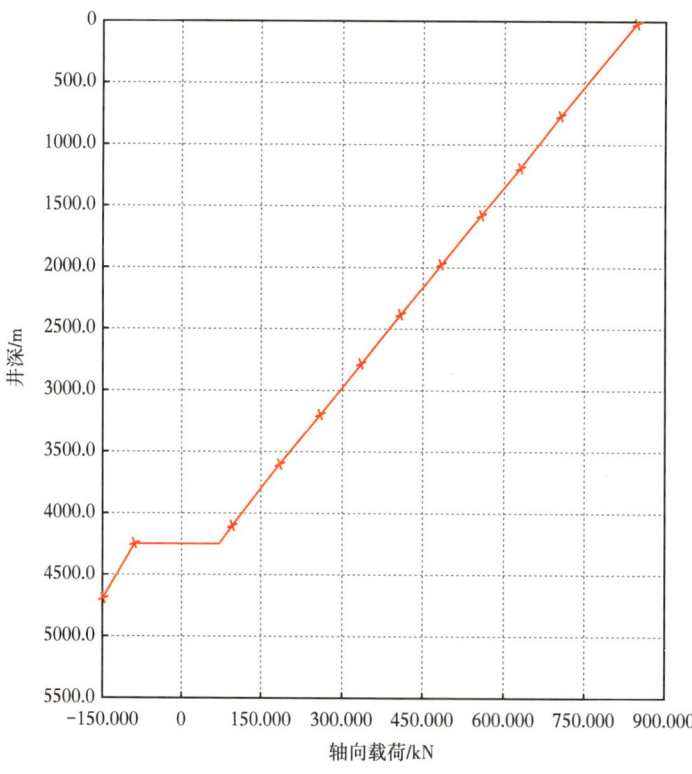

图 5-1-12　完井管柱坐封状态受力分析曲线

（3）SKX-P1井注气状态。

注气初期，管柱收缩0.822m，井口抗拉安全系数1.894；注气末期，管柱收缩1.619m，井口抗拉安全系数1.725。

表5-1-1 SKX-P1井注气初期管柱力学性能

工况：注气初期		管柱长度：4450m		封隔器深度：4250m		油管类型：4½in			110钢级
井况		压力/MPa				温度/℃			
		井口		井底		井口		井底	
油管		22.71		27.61		59.55		87.89	
油套环空		0		41.47		59.55		87.89	
受力分析									
管柱变形		受力分析/kN			安全系数				
变形类型	伸缩量/m	井口	封上油管	封隔器	位置	抗拉	抗内压	抗外挤	三轴
温度	-0.644	910.595	168.819	45.123	井口	1.894	3.447	—	2.067
鼓胀	-0.178								
螺旋	0								
综合	-0.822								

注：(1) 管柱变形"+"表示伸长，"-"表示缩短；
(2) 受力分析"+"表示受力向上，"-"表示受力向下。

表5-1-2 SKX-P1井注气末期管柱力学性能

工况：注气末期		管柱长度：4450m		封隔器深度：4250m		油管类型：4½in			110钢级
井况		压力/MPa				温度/℃			
		井口		井底		井口		井底	
油管		38.05		46.49		59.55		86.22	
油套环空		0		44.5		59.55		86.22	
受力分析									
管柱变形		受力分析/kN			安全系数				
变形类型	伸缩量/m	井口	封上油管	封隔器	位置	抗拉	抗内压	抗外挤	三轴
温度	-0.772	1000.7	302.7	330.2	井口	1.725	2.057	—	1.775
鼓胀	-0.897								
螺旋	0								
综合	-1.619								

注：(1) 管柱变形"+"表示伸长，"-"表示缩短；
(2) 受力分析"+"表示受力向上，"-"表示受力向下。

3）单井完井管柱注气工况安全评价

（1）通过上述不同工况条件下管柱力学分析，SKX-P1井在自由状态、坐封状态、注气初期状态、注气末期状态条件下，均处于安全状态。

（2）封隔器在注气末期工况下受到向上拉力最大达到330kN，因此建议，若采用可取式封隔器，设定其上提解封力至少大于53kN。鉴于在注气工况条件下封隔器受到的上提拉力较大，推荐采用永久式封隔器完井。

（3）从安全、经济角度结合现场实际经验，选取抗拉、抗内压、抗外挤、三轴应力安全系数大于1.6的钢级，因此推荐选择110钢级油管。

二、采气工况下注采管柱力学分析

1. 采气工况分析

采气时，各采气阶段的运行方案如图5-1-13所示。

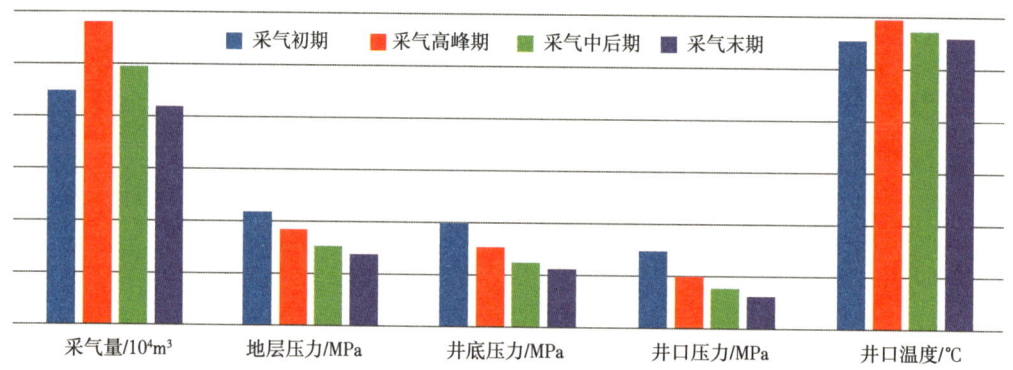

图5-1-13　采气期注采参数变化曲线

采气时，井筒内压力温度完井管柱力学行为如图5-1-14和图5-1-15所示。

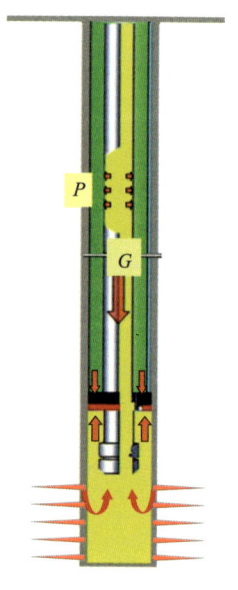

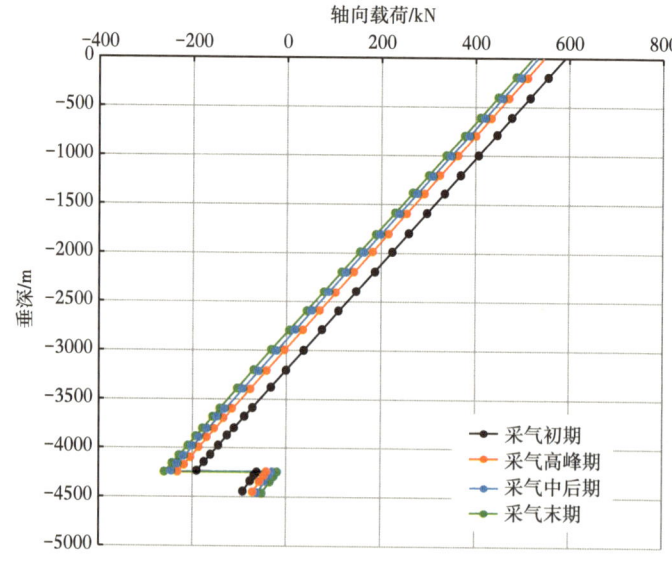

图5-1-14　采气管柱受力图　　　　图5-1-15　采气管柱受力分析曲线

2. 采气管柱力学行为分析

在整个采气工况中,采气初期、高峰期、中后期、末期依次顺序进行,通过采气压力、采气量的变化导致井口及封隔器处受力的变化,如图 5-1-16 至图 5-1-19 所示。在这过程中完井管柱主要受到油管自重力、温度效应力、活塞效应力、鼓胀效应力和管柱产生的螺旋弯曲效应力等影响,导致管柱由于受力变化而产生伸长或缩短,各种效应分析过程与注气期基本相同。

由图可以看出,在采气期,井口受力随采气压力的增加而增大,但随采气量的增加而减小;封隔器受力随采气压力的增加而减小,但随采气量的增加而增大;采气初期,随着采气量的增加,井口及封隔器处的受力发生急剧的变化,但随着采气量的持续增加,井口及封隔器处的受力变化又慢慢趋于平缓,因此需要在实际采气过程需要采取相应生产制度,控制初期采气量的提升速率。

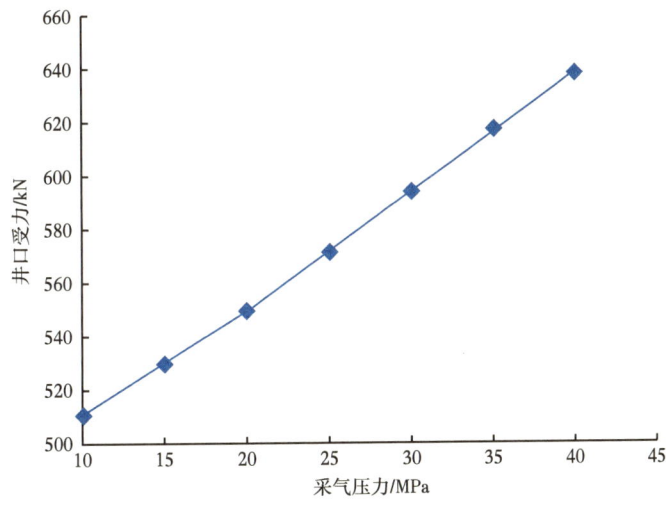

图 5-1-16 采气压力与井口受力关系曲线

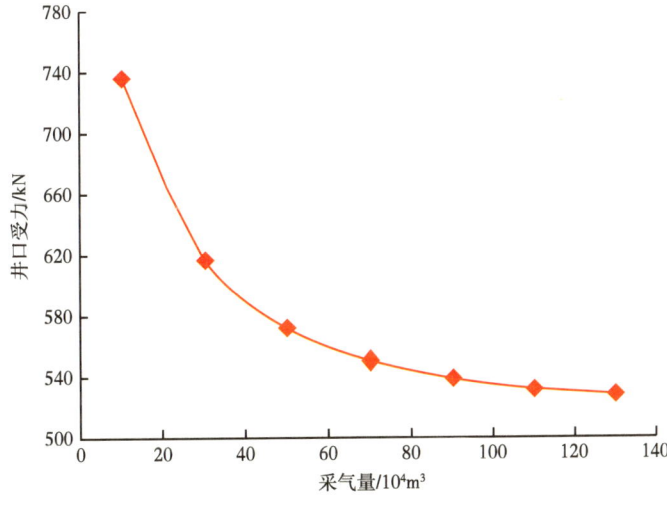

图 5-1-17 采气量与井口受力关系曲线

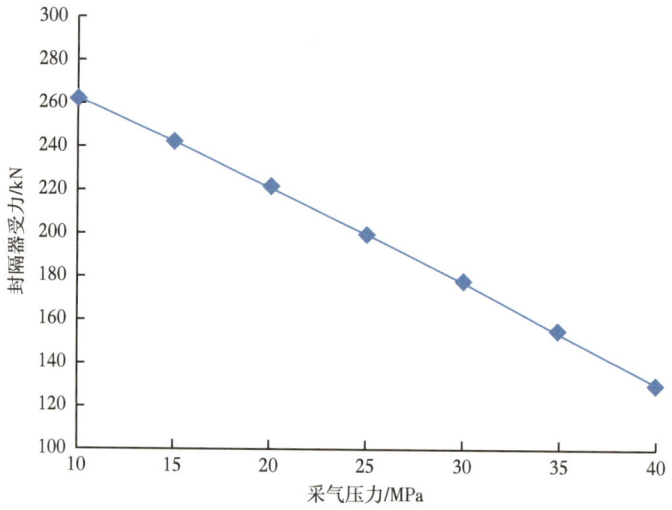

图 5-1-18 采气压力与封隔器受力关系曲线

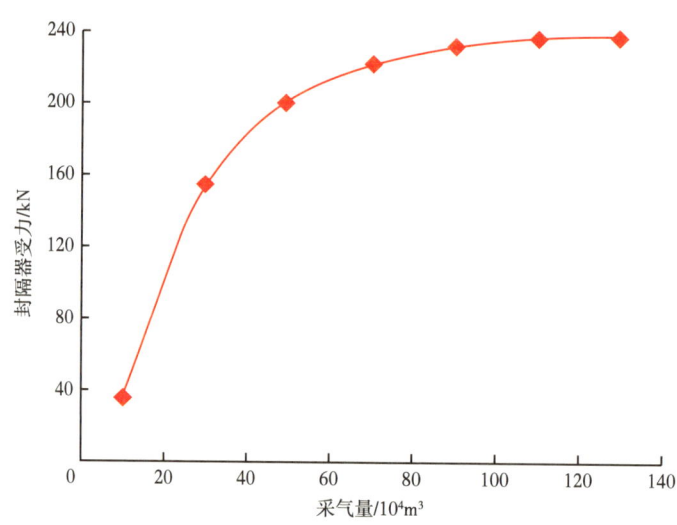

图 5-1-19 采气量与封隔器受力关系曲线

3. 单井采气受力分析示例及安全评价

1）单井完井管柱采气受力分析计算条件

（1）采气过程按照稳定采出过程分析。

（2）环空保护液密度按 $1.0g/cm^3$，热膨胀性质按照清水考虑。

（3）考虑油套环空井口压力为 0。

（4）套管摩擦系数 0.25，裸眼摩擦系数 0.30。

2）单井完井管柱采气受力分析示例

根据 SK 储气库的特点，以 SKX-P1 井为例开展采气受力分析。表 5-1-3 至表 5-1-6 分别为 SKX-P1 井采气初期、采气高峰期、采气中后期和采气末期管柱力学性能。

第五章 注采管柱振动安全评估技术

表 5-1-3 SKX-P1井采气初期管柱力学性能

工况：采气初期	管柱长度：4450m		封隔器深度：4250m		油管类型：4½in		110钢级
井况	压力/MPa			温度/℃			
	井口		井底	井口		井底	
油管	30.26		38.887	109.61		146.89	
油套环空	0		41.47	109.61		146.89	
受力分析							
管柱变形		受力分析/kN			安全系数		
变形类型	伸缩量/m	井口	封上油管	封隔器	位置	抗拉	抗内压	抗外挤	三轴
温度	2.6	588.41	-126.26	-159.69	井口	2.851	2.515	—	2.618
鼓胀	-0.572								
螺旋	-0.001								
综合	2.028								
螺旋弯曲长度 324m									

注：（1）管柱变形"+"表示伸长，"-"表示缩短；
（2）受力分析"+"表示受力向上，"-"表示受力向下。

表 5-1-4 SKX-P1井采气高峰期管柱力学性能

工况：采气高峰期	管柱长度：4450m		封隔器深度：4250m		油管类型：4½in		110钢级
井况	压力/MPa			温度/℃			
	井口		井底	井口		井底	
油管	20.43		30.53	109.83		146.94	
油套环空	0		41.47	109.83		146.94	
受力分析							
管柱变形		受力分析/kN			安全系数		
变形类型	伸缩量/m	井口	封上油管	封隔器	位置	抗拉	抗内压	抗外挤	三轴
温度	2.598	544.0	-189.77	-290.04	井口	3.083	3.725	—	3.183
鼓胀	-0.188								
螺旋	0								
综合	2.41								
螺旋弯曲长度 62.5m									

注：（1）管柱变形"+"表示伸长，"-"表示缩短；
（2）受力分析"+"表示受力向上，"-"表示受力向下。

表 5-1-5 SKX-P1 井采气中后期管柱力学性能

工况：采气中后期									
管柱长度：4450m			封隔器深度：4250m				油管类型：4½in		110 钢级
井况		压力 /MPa			温度 /℃				
		井口		井底		井口			井底
油管		16.26		25.113		106.89			146.94
油套环空		0		41.47		106.89			146.94
受力分析									
管柱变形		受力分析 /kN			安全系数				
变形类型	伸缩量 /m	井口	封上油管	封隔器	位置	抗拉	抗内压	抗外挤	三轴
温度	2.533	529.87	-216.486	-360.172	井口	3.171	4.688	—	3.4
鼓胀	0.013								
螺旋	0								
综合	2.546								
螺旋弯曲长度 0m									

注：（1）管柱变形"+"表示伸长，"-"表示缩短；
（2）受力分析"+"表示受力向上，"-"表示受力向下。

表 5-1-6 SKX-P1 井采气末期管柱力学性能

工况：采气末期	管柱长度：4450m		封隔器深度：4250m			油管类型：4½in		110 钢级	
井况		压力 /MPa			温度 /℃				
		井口		井底		井口			井底
油管		13.29		20.926		104.28			146.94
油套环空		0		41.47		104.28			146.94
受力分析									
管柱变形		受力分析 /kN			安全系数				
变形类型	伸缩量 /m	井口	封上油管	封隔器	位置	抗拉	抗内压	抗外挤	三轴
温度	2.478	519.24	-236.69	-413.898	井口	3.24	5.744	—	3.532
鼓胀	0.162								
螺旋	0								
综合	2.64								
螺旋弯曲长度 0m									

注：（1）管柱变形"+"表示伸长，"-"表示缩短；
（2）受力分析"+"表示受力向上，"-"表示受力向下。

3）单井完井管柱采气工况安全评价

（1）通过上述不同工况条件下管柱力学分析，SKX-P1 井在采气初期、采气高峰期、采气中后期、采气末期状态条件下，均处于安全状态。

(2)在采气期井口受力随采气压力的增加而增大,但随采气量的增加而减小,封隔器受力随采气压力的增加而减小,但随采气量的增加而增大。

(3)从安全、经济角度结合现场实际经验,选取抗拉、抗内压、抗外挤、三轴应力安全系数大于1.6的钢级,因此推荐选用110钢级油管。

三、交变工况下注采管柱载荷综合特征分析

1. 交变工况分析

储气库井与常规采气井有很大不同,与普通天然气井相比,储气库井是周期性注气采气交替变化,其运行工况需要考虑注采交变带来的影响(练章华,2018),如图5-1-20所示。

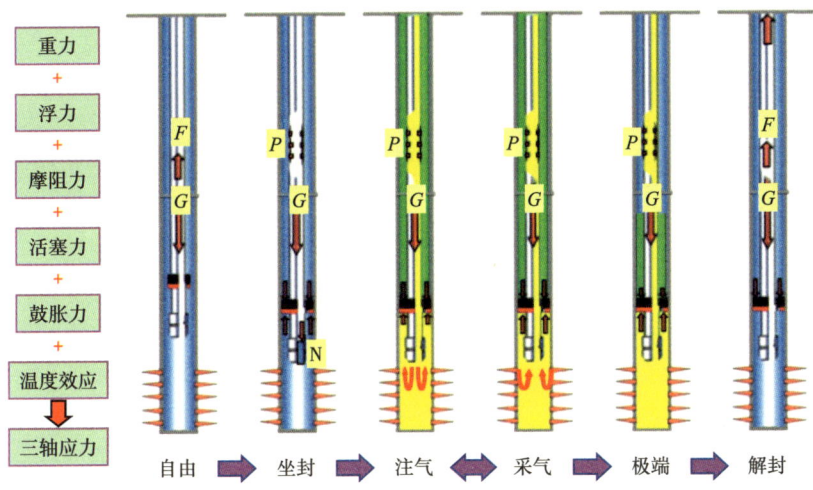

图 5-1-20　储气库交变工况完井管柱受力分析图

储气库井温度、压力随着注采周期的交替变化如图5-1-21和图5-1-22所示,在注采周期性交替变化变下,对完井管柱受力全工况的分析,形成系统的分析过程和评价过程。

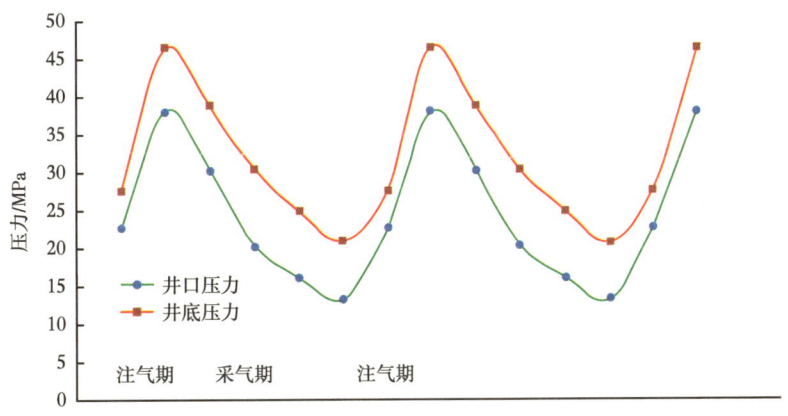

图 5-1-21　储气库注采交变周期压力变化曲线

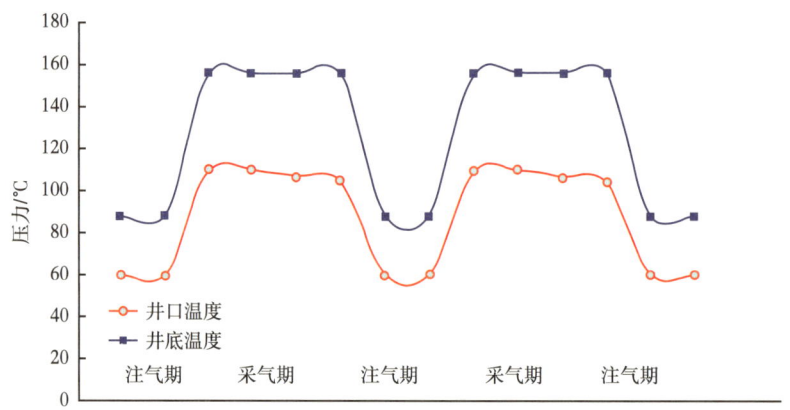

图 5-1-22 储气库注采交变周期温度变化曲线

2. 交变管柱力学行为分析

某油田 SK 储气库，正常运行时注气井口压力在 22~38MPa，地层压力在 28~48MPa 范围变化；采气井口压力在 11~30MPa，地层压力在 48~28MPa 范围变化。在建库初期井筒管柱温度维持注入气的温度，即 60℃ 左右。随着正常注采生产之后，井筒温度将随注气、采气两个过程交替变化，即在 60~156℃ 间变化。因此注气、采气过程温度变化将使管柱产生较大的交变载荷变化。除此之外，注采管柱还受油管自重，温度变化产生的温度效应力，液体压强对油管产生的活塞效应、鼓胀效应力、管柱产生的螺旋弯曲效应力等各种效应的影响，导致管柱由于受力变化而产生伸长或缩短，其受力分析过程如图 5-1-23 至图 5-1-25 所示。

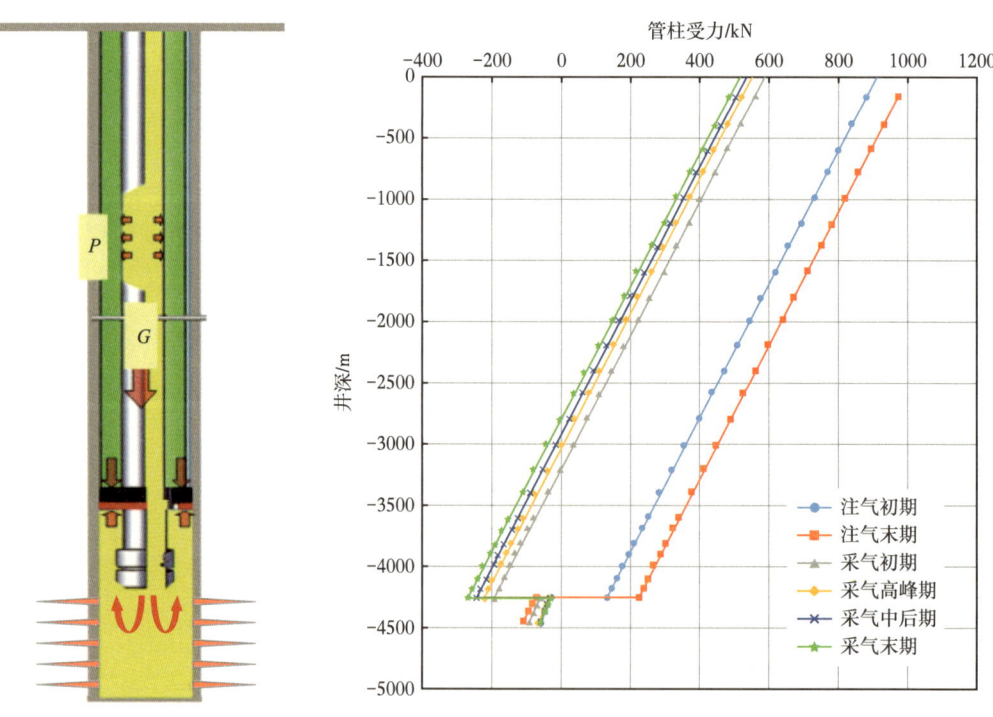

图 5-1-23 注采交变状态管柱受力图　　图 5-1-24 注采交变状态管柱受力分析图

第五章 注采管柱振动安全评估技术

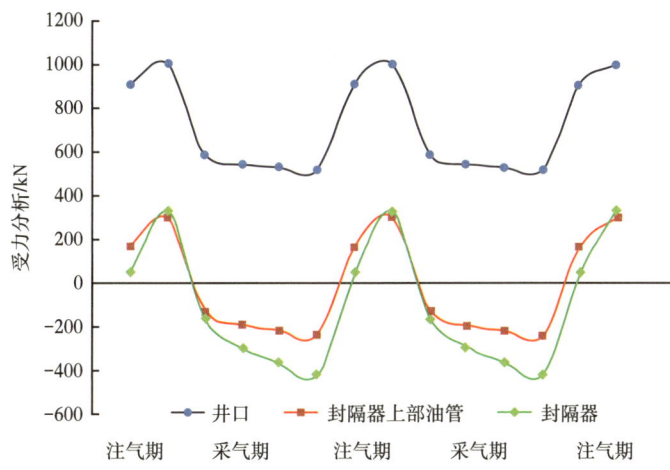

图 5-1-25 注采交变状态井口、封隔器上部油管、封隔器受力变化曲线

3. 注采交变受力分析及安全评价

表 5-1-7 给出了 SK 储气库安全评价分析。

表 5-1-7 SK 储气库安全评价表

	SK1 储气库	SK4 储气库	SK20 储气库	SK49 储气库	SKG 储气库
油管尺寸 /in	3.5	4.5	3.5	4.5	4.5
危险点	井口	井口	井口	井口	井口
最大载荷 /kN	730	1000	625	1198	883
伸缩量 /m	2.0	3.4	1.5	3.5	1.4
80 钢级安全系数	1.46	1.42	1.67	1.38	1.64
110 钢级安全系数	2.0	1.63	2.21	1.6	1.85

通过对 SK 储气库群 SK1、SK20、SK4、SK49、SKG 等五个储气库进行受力分析及安全性评价，得到以下评价结果：

（1）SK 储气库群完井管柱在注采过程中主要的危险点都是在井口附近，SK4、SK49 储气库最大载荷均在 1000kN 以上，伸缩量均 3m 在以上。因此 SK1、SK4、SK49 储气库推荐采用 110 钢级系列油管。SK20、SKG 储气库推荐采用 80 钢级系列油管。

（2）以 SK49 储气库井为例，封隔器在注气末期工况下由于温度降低缩短等因素受到向上拉力最大达到 100tf，若采用可取式封隔器，设定其上提解封力至少大于 130tf，按照完井管柱剩余拉力取一定安全系数后，封隔器解封力设定过大，不利于后去的修井作业。鉴于各库在注气工况条件下封隔器受到的上提拉力较大，推荐采用永久式封隔器完井。

（3）通过受力分析和安全评价，可以明确管柱在不同运行时期的伸长、缩短。根据管柱伸长结果计算，各库管柱在注采气过程中，安全系数均满足强度校核要求，不需加入伸缩节即可正常生产。

（4）通过受力分析和安全评价，还可以对井口其他设备进行设计优化。如SK4储气库在采气高峰期、中后期及末期过程中，均有较大的液体采出，会使井筒温度升高较明显，封隔器完井环空流体膨胀造成的压力较高，因此，建议在完井过程中预留各层环空放压管线，为在采气过程中环空井口压力突破一定的安全允许值时预留放压通道，加强环空压力管理，防止挤毁油管的情况发生。

第二节 注采管柱振动失效机理

一、注采气体流动状态分析

Bernoulli 认为：气体对壁面的压力是各个分子与器壁碰撞将动量传递给后者产生的。由于天然气的可压缩性、黏性等，气流从井底流到井口这一过程中，由于温度、压力等的变化，天然气的状态发生变化，对管壁必然产生一个附加压力，引起管柱的横振；当流过管柱螺纹区域、油管受力弯曲或屈曲区域时，不仅引起管柱的横振，还引发管柱的纵振。气体在管道中的流动状态不同，管道的流导也不一样，也就是说，管道对气体的流导不仅取决于管道的几何形状和尺寸，还与管道中流动的气体种类和温度有关，在有的流动状态下还取决于管道中气体的平均压力（黄桢，2012）。为此，需要对天然气流过管柱的气体状态进行分析，分析天然气在油管柱内的压力、速度、密度等分布，为管柱振动数学模型的建立及求解打下基础。

1. 天然气流体动力学控制方程

根据欧拉方法，高产气井油管柱内流动的天然气流场的物理量都是空间和时间的函数。在某时刻 t，油管柱内某一点 (x,y,z) 的天然气流速 V、静压 p、密度 ρ 和温度 T 可以表示为

$$V = V(x,y,x,t) \quad (5\text{-}2\text{-}1)$$

$$p = p(x,y,z,t) \quad (5\text{-}2\text{-}2)$$

$$\rho = \rho(x,y,z,t) \quad (5\text{-}2\text{-}3)$$

$$T = T(x,y,z,t) \quad (5\text{-}2\text{-}4)$$

研究天然气的物质导数 $\phi(x,y,z,t)$ 对时间的变化率，则为

$$\frac{D\phi}{Dt} = \frac{\partial\phi}{\partial t} + \frac{\partial\phi}{\partial x}\frac{\partial x}{\partial t} + \frac{\partial\phi}{\partial y}\frac{\partial y}{\partial t} + \frac{\partial\phi}{\partial z}\frac{\partial z}{\partial t} - \frac{\partial\phi}{\partial t} + u\frac{\partial\phi}{\partial x} + v\frac{\partial\phi}{\partial y} + w\frac{\partial\phi}{\partial z} \quad (5\text{-}2\text{-}5)$$

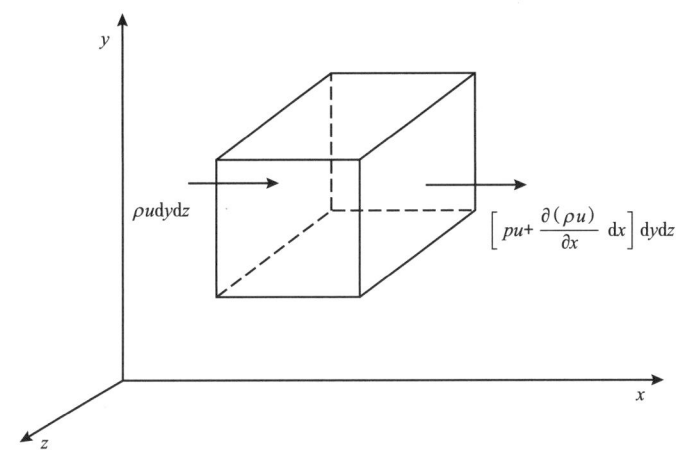

图 5-2-1 天然气微元体积质量变化示意图

式中 u，v，w——速度矢量 V 沿 x、y、z 轴的三个速度分量。

（1）连续方程。

由于天然气在油管柱内流动必须遵守质量守恒定律，质量守恒定律在气体动力学中的数学表达式，称为连续方程。

取天然气流场中的一个微元六面体，边长分别为 dx，dy，dz，如图 5-2-1 所示。在时刻 t，单位时间里这个六面体的天然气质量变化由两个部分组成，即天然气的流入和流出的质量之差和天然气密度变化引起质量变化。

从图 5-2-1 中可得天然气在时刻 t，单位时间里在垂直于 x 轴的两个平行的平面上流入和流出的天然气质量之差为

$$\left[\rho u+\frac{\partial(\rho u)}{\partial x}dx\right]dydz-\rho u dydz=\frac{\partial(\rho u)}{\partial x}dxdydz \tag{5-2-6}$$

于是，根据质量守恒定律，天然气在油管柱内的连续方程为

$$\frac{\partial \rho}{\partial t}+\frac{\partial(\rho u)}{\partial x}+\frac{\partial(\rho v)}{\partial y}+\frac{\partial(\rho w)}{\partial z}=0 \tag{5-2-7}$$

（2）运动方程。

根据 Newton 第二定律，天然气流场中任一微元体积 ΔV 中的气体质量同加速度的乘积等于该微元体积上所受的体力和面力的总和，即天然气流场的动量守恒定律。可以导出 x、y、z 轴方向上的动量守恒方程：

$$\begin{aligned}\frac{\partial}{\partial t}(\rho u)+\operatorname{div}(\rho u \bar{V})&=-\frac{\partial p}{\partial x}+\frac{\partial \tau_{xx}}{\partial x}+\frac{\partial \tau_{yx}}{\partial y}+\frac{\partial \tau_{zx}}{\partial z}+F_x \\ \frac{\partial}{\partial t}(\rho v)+d\bar{v}(\rho v \bar{V})&=-\frac{\partial p}{\partial y}+\frac{\partial \tau_{xy}}{\partial x}+\frac{\partial \tau_{yy}}{\partial y}+\frac{\partial \tau_{zy}}{\partial z}+F_y \\ \frac{\partial}{\partial t}(\rho w)+d\tilde{v}(\rho w \bar{V})&=-\frac{\partial p}{\partial z}+\frac{\partial \tau_{xz}}{\partial x}+\frac{\partial \tau_{yz}}{\partial y}+\frac{\partial \tau_{zz}}{\partial z}+F_z\end{aligned} \tag{5-2-8}$$

式中 p——流体微元体上的压力；

τ_{xx}, τ_{xy}, τ_{xz}——因分子黏性作用而产生的作用在微元体表面上的黏性应力 τ 的分量；

F_x, F_y, F_z——微元体上的体力，若体力只有重力，且 z 轴竖直向上，则 $F_x=0$、$F_y=0$、$F_z=-\rho g$。

式（5-2-8）是对任何类型的流体（包括非牛顿流体）均成立的动量守恒方程。

（3）能量方程。

天然气在油管柱内流动也存在天然气与油管柱和环空流体的热交换，以及井口与井内天然气温差产生的热交换等能量变化。天然气在流动的过程中，除了热传导引起的能量变化还有天然气的动能、内能的能量变化和由于外界面力和体力等载荷做功产生能量变化。然而，整个天然气在油管柱内的包含有热交换流动系统必须满足能量守恒定律，即天然气流场中任意微元体的能量增加量等于进入该微元体的净热流量加上体力和面力对微元体所做的功，也就是天然气流动系统满足热力学第一定律。

则天然气流动系统的能量守恒方程为

$$\frac{\partial(\rho\bar{\varepsilon})}{\partial t}+\mathrm{div}(\rho\overline{VT})=\mathrm{div}\left(\frac{k}{c_\mathrm{p}}\mathrm{grad}\,T\right)+S_T \quad (5\text{-}2\text{-}9)$$

2. 天然气的状态方程

天然气气井生产的流体不仅包括甲烷气体，还有一定量的硫化氢、水分、砂粒和其他一些杂质，实际气井生产的流体为多相混合物。甲烷占其天然气组分的绝对多量，因此可以认为，注采气为甲烷含量占绝对多数的完全气体。综合前面的天然气流动系统的各个控制方程可知，在这个方程中有 u、v、w、T、p 和 ρ 六个未知量，控制方程有五个，还需要有完全气体的状态方程才能够有效求解，即 $p=\rho RT$。式中，R 为天然气的气体常数，T 为天然气温度。

二、注采气体诱发管柱耦合振动

1. 注采管柱振动机理

储气库注采气井生产期间产量、压力的波动是诱导管柱振动的主要原因。由于天然气在油管柱内沿管柱的组成成分的变化以及油管柱的结构形状的变化，天然气在油管柱内的流动也比较复杂，在垂直井中管柱主要是以压力波动产生的振动为主。气体流动诱发生产管柱振动的主要因素有以下4种。

（1）漩涡诱发管柱振动。

天然气在管柱内流动过程中，由于管柱弯曲、管柱截面变化以及各种井下工具的影响，天然气会产生漩涡，在各个漩涡区域，都会产生脉冲载荷，从而诱发生产管柱振动。

（2）天然气流速和压力脉动诱发管柱振动。

天然气在流经油管柱弯曲部位、变径部位时，会对油管柱产生力的作用。如果天然气流速和压力恒定，那么此作用力为定常力。由于地层产出的不确定性和人为开关井、调产等措施，天然气的流速和压力处于脉动状态，使得天然气对油管柱施加了动载荷，从而诱发油管柱振动。

（3）开关井瞬变流诱发管柱振动。

气井生产过程中，如果突然关闭或者开启阀门，管柱内天然气流动状态会发生突变，由水击理论可知，天然气压力将急剧波动，根据流体压传动理论，气体的瞬时峰值压力往往比正常工作压力高几倍，并且常常伴随着振动和噪声，在振动剧烈时甚至会导致井下管柱断裂。

（4）共振诱发管柱振动。

当流体激振力频率与管柱某阶固有频率接近时，管柱便发生共振，共振将导致管柱剧烈振动，这将加剧管柱的破坏。

2. 气体诱发管柱振动模型

1) 油管柱轴向振动流固耦合模型

对于研究储气库注采管柱内高速流体诱发的生产管柱振动问题，其复杂性就是即要研究天然气流体，还要研究注采管柱，此问题是流体力学与固体力学的结合问题，在研究中需要考虑流体与固体管柱的相互作用，在流体力学将此问题称为流—固耦合问题。

流固耦合形式从作用机理上可以分为：摩擦耦合、结合部耦合、泊松耦合等。

在实际问题中，哪一种耦合是主要的因素与具体情况相关。但是通常情况下，认为在这三种耦合方式中，摩擦耦合对结构的影响最小，在流体结构动力计算中可以适当忽略。结合部耦合对流体结构则是影响较大的，泊松耦合在轴向应力变化中起到非常重要的作用，因此泊松耦合也是很重要的耦合机制。当流体结构的模态主要是由轴向应力决定时，泊松耦合是不能够被忽略的。

目前流固耦合广泛应用的主要为4—方程流固耦合模型、8—方程流固耦合模型、14—方程流固耦合模型等，这些模型都是将N—S方程和小变形理论相结合而得出的，当然在推导方程的过程总也人为地附加了一部分条件多种忽略某些因素。因此，这些流固耦合模型方程的使用范围是有限的。在对流体结构互动模型建立的讨论中，一般将管柱的运动分解为轴向的、横向的以及扭转运动，对这三个运动分别考虑，然后再加以合成。

（1）流体运动的描述。

可压缩流体轴对称流动的连续性方程在柱坐标下的表达式为

$$\frac{\partial \rho_f}{\partial t} + v_f \frac{\partial \rho_f}{\partial z} + v_r \frac{\partial \rho_f}{\partial r} + \rho_f \frac{\partial v_f}{\partial z} + \frac{\rho_f}{r} \frac{\partial}{\partial r}(rv_r) = 0 \quad (5-2-10)$$

轴向的运动方程为

$$\begin{aligned} &\rho_f \frac{\partial v_f}{\partial t} + \rho_f v_f \frac{\partial v_f}{\partial z} + \rho_f v_r \frac{\partial v_f}{\partial r} + \frac{\partial p}{\partial z} \\ &= f_z + \mu' \frac{\partial}{\partial z}\left[\frac{\partial v_f}{\partial z} + \frac{1}{r}\frac{\partial (rv_r)}{\partial r}\right] + \mu\left[\frac{1}{r}\frac{\partial}{\partial r}\left(r\frac{\partial v_f}{\partial r}\right) + \frac{\partial^2 v_f}{\partial z^2}\right] \end{aligned} \quad (5-2-11)$$

径向的运动方程为

$$\begin{aligned} &\rho_f \frac{\partial v_r}{\partial t} + \rho_f v_z \frac{\partial v_r}{\partial z} + \rho_f v_r \frac{\partial v_r}{\partial r} + \frac{\partial p}{\partial z} \\ &= f_r + \mu' \frac{\partial}{\partial r}\left[\frac{\partial v_f}{\partial z} + \frac{1}{r}\frac{\partial (rv_r)}{\partial r}\right] + \mu\left[\frac{1}{r}\frac{\partial}{\partial r}\left(r\frac{\partial v_f}{\partial r}\right) + -\frac{v_r}{r^2} + \frac{\partial^2 v_r}{\partial z^2}\right] \end{aligned} \quad (5-2-12)$$

式中 v_r——流体的径向流动速度；

v_f——流体的轴向流动速度；

f_z——流体的体积力在管道轴线方向上的分量；

f_r——流体的体积力在径向方向上的分量；

r——径向的坐标；

t——时间坐标；

z——轴向的坐标；

μ——流体的动力黏滞系数；

μ'——流体的体积黏性系数，与其相关的项代表可压缩性流体在运动的过程中由于体积的变化而引起的流体压力偏离静水压力的黏性力。

（2）管柱运动的描述。

如果不考虑剪切变形、弯曲和截面旋转变形对管道的影响，那么二维管道的运动方程可以写为以下公式。

轴向方向上的运动方程：

$$\rho_p \frac{\partial \dot{u}_z}{\partial t} + \rho_p \dot{u}_z \frac{\partial \dot{u}_z}{\partial z} + \rho_p \dot{u}_r \frac{\partial \dot{u}_z}{\partial r} = f_z + \frac{\partial \sigma_z}{\partial z} + \frac{1}{r}\frac{\partial (r\tau_{zr})}{\partial r} \quad (5\text{-}2\text{-}13)$$

径向方向上的运动方程：

$$\rho_p \frac{\partial \dot{u}_r}{\partial t} + \rho_p \dot{u}_z \frac{\partial \dot{u}_r}{\partial z} + \rho_p \dot{u}_r \frac{\partial \dot{u}_r}{\partial r} = f_r + \frac{\partial \tau_{rz}}{\partial z} + \frac{1}{r}\frac{\partial (r\sigma_r)}{\partial r} - \frac{\sigma_\theta}{r} \quad (5\text{-}2\text{-}14)$$

式中 ρ_p——管材质量密度，kg/m^3；

$\dot{u}_r$——管道径向运动速度，m/s；

$\dot{u}_z$——管道轴向运动速度，m/s；

σ_r——径向应力，Pa；

σ_θ——环向应力，Pa；

σ_z——轴向应力，Pa；

τ_{zr}, τ_{rz}——剪切力，N；

f_r——管道径向方向的体积力分量，N/m^3；

f_z——管道轴向方向的体积力分量，N/m^3。

（3）流固边界条件。

为了求解方程，在 $r=R$ 处（流体与固体管道的接触面）和在 $r=R+\delta$ 处引入界面的接触条件，有

$$\begin{aligned}
\tau_{rz}|_{r=R} &= -\tau_{rw} \\
\tau_{rz}|_{r=R+\delta} &= 0 \\
\sigma_r|_{r=R} &= -p|_{r=R} \\
\sigma_r|_{r=R+\delta} &= 0 \\
\dot{u}_r|_{r=R} &= v_r|_{r=R} \\
\dot{u}_r|_{r=R+\delta} &= 0
\end{aligned} \quad (5\text{-}2\text{-}15)$$

根据广义的胡克定律可以知道，固体管道应力与应变的关系式为

$$\sigma_z = \frac{E}{(1+v)(1-2v)}\left[(1+v)\varepsilon_z + v(\varepsilon_\theta + \varepsilon_r)\right]$$

$$\sigma_z = \frac{E}{(1+v)(1-2v)}\left[(1+v)\varepsilon_\theta + v(\varepsilon_z + \varepsilon_r)\right] \quad (5\text{-}2\text{-}16)$$

$$\sigma_z = \frac{E}{(1+v)(1-2v)}\left[(1+v)\varepsilon_r + v(\varepsilon_z + \varepsilon_\theta)\right]$$

根据几何方程可以得到，应变与位移的关系为

$$\varepsilon_z = \frac{\partial u_z}{\partial z}$$

$$\varepsilon_z = \frac{u_r}{r} \quad (5\text{-}2\text{-}17)$$

$$\varepsilon_z = \frac{\partial u_r}{\partial r}$$

式（5-2-10）至式（5-2-17）考虑流体运动和固体运动的相互影响，分别为流体运动方程、管柱运动方程和流固耦合边界条件，反映了储气库注采管柱生产过程中气体流动诱发管柱振动的本质。但采用数值解法比较困难，需要涉及偏微分方程的数值解以及迭代过程，目前常用的方法包括特征线方法、传递矩阵法、有限元方法和行波法等。

2）油管柱横向振动流固耦合模型

完井管柱横向流固耦合振动模型的建立基于以下基本假设：

（1）分析所用的完井管柱为具有分布质量与分布弹性的连续系统，因此管柱的振动属于弹性振动，符合弹性体的基本假设，即服从虎克定律，符合均质、各向同性的性质。

（2）完井管柱不与套管接触，即忽略油管与套管的摩擦因素。

（3）流体是理想流体，无黏性并且不可压缩。

（4）不考虑油管与套管之间环空流体的作用。

将完井管柱的封隔器视为铰支，则完井管柱两端均为铰支座。设流体密度为 ρ，以速度 v 流经完井管柱，完井管柱的横截面积为 A，管柱内的内压为 p_i，环空压力为 p_o，轴向受力为 F，单位长度管柱的质量为 m_p，管柱的抗弯刚度为 EI。

经过整理后管柱横向流固耦合振动的微分方程为

$$EI\frac{\partial^4 y}{\partial x^4} + (m_p + \rho A_i)\frac{\partial^2 y}{\partial t^2} + 2\rho A_i v\frac{\partial^2 y}{\partial x \partial t} + (\rho A_i v^2 - F - p_o A_o + p_i A_i)\frac{\partial^2 y}{\partial x^2} = 0 \quad (5\text{-}2\text{-}18)$$

式（5-2-18）即为管柱横向流固耦合振动的微分方程，它是一个四阶偏微分方程，此方程包含了管柱内流体、管柱轴向力、管柱内注入压力和环空压力对完井管柱振动的影响。式中的第一项与第二项与流体的流动无关，分别为刚度项与惯性项，会始终存在。第三项则是注入流体的惯性力对管柱振动的影响，反映了流体与完井管柱的流固耦合，是管内流体与管柱耦合振动的体现。第四项则表示当管柱发生弯曲时，流体改变流动方向所需要的力。

3. 储气库注采管柱振动模拟实验方法

依据相似理论建立实验模型，相似模型应满足：几何相似、运动相似和动力相似。在此基础上，结合现场实际工况，建立实验模型和实验方案，开展储气库注采管柱不同管材、管径、管长、管厚、约束位置、轴向力、注气量等模拟实验。模型与原型管柱的长度比尺为1:8（表5-2-1），实验台架模拟管柱的长度为25m，封隔器上部20m管柱拟采用尼龙管，封隔器下部5m管柱采用不锈钢管，整个管柱系统可模拟实际200m管柱。实验台架通过储气罐和空压机提供不同注采气量，模拟储气库注气和采气工况，并通过改变管柱轴向力使管柱处于不同屈曲状态（表5-2-2），测量不同气量和屈曲状态下管柱的振幅、频率、振动位移、速度及加速度等参数，从而揭示储气库注采管柱振动机理。

表5-2-1 模拟实验相似系数

材料	位移	加速度	振幅	频率	轴向力	屈曲临界载荷	注采气量
尼龙管	1/8	0.69	1/8	23.5	2.03×10^{-4}	6.30×10^{-4}	1.474
不锈钢管	1/8	1	1/8	8	1/64	5.52×10^{-3}	1.474

表5-2-2 模拟实验管柱屈曲临界载荷

油管外径/mm	油管壁厚/mm	油管线重量/(N/m)	正弦屈曲临界载荷/kN	螺旋屈曲临界载荷/kN	模拟油管材料	模拟油管外径/mm	模拟油管壁厚/mm	正弦屈曲临界载荷/N	螺旋屈曲临界载荷/N
73.0	5.51	96.8	26.5	75.0	尼龙	9	1	16.7	47.2
					不锈钢	9	1	146.3	414.0
88.9	6.45	138.0	51.9	146.7	尼龙	11	1	32.7	92.4
					不锈钢	11	1	286.5	809.8
114.3	6.88	182.2	119.3	337.5	尼龙	14	1	75.2	212.6
					不锈钢	14	1	658.5	1863.0

实验中模拟管柱总长度为25m，封隔器以下金属管柱长度5m，根据模拟管柱的材料属性和相似比例，得到模拟管柱各阶固有频率见表5-2-3。

表5-2-3 模拟管柱轴向振动和横向振动固有频率

振动阶数	轴向振动频率/Hz		横向振动频率/Hz	
	金属管	尼龙管	金属管	尼龙管
1阶	8.1780	12.402	6.9861	1.9531
2阶	24.5339	24.804	13.9722	3.9061
3阶	40.8898	37.205	20.9583	5.8592

续表

振动阶数	轴向振动频率 /Hz		横向振动频率 /Hz	
	金属管	尼龙管	金属管	尼龙管
4阶	57.2457	49.607	27.9444	7.8123
5阶	73.6016	62.009	34.9305	9.7653
6阶	89.9575	74.411	41.9166	11.7184
7阶	106.3134	86.813	48.9027	13.6715
8阶	122.6694	99.214	55.8888	15.6246
9阶	139.0253	111.616	62.8749	17.5776
10阶	155.3812	124.018	69.8610	19.5307

1)模拟实验台架

实验台架应满足生产套管为 ϕ177.8mm，井深小于5000m、温度小于160℃直井井况要求；满足生产油管为 ϕ73mm、ϕ88.9mm 和 ϕ114mm 的管柱结构力学分析的要求；满足注采气量为 $0\sim300\times10^4 m^3/d$ 产量变化范围。

本储气库注采管柱振动模拟实验台架（图5-2-2），主要包含以下几大系统：刚性水泥石基座系统、模拟管柱系统、模拟井筒系统、测试系统、气源及注气系统等。

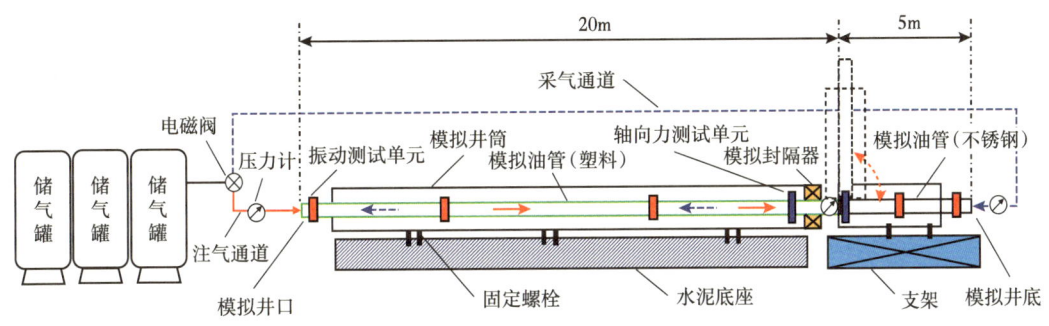

图5-2-2 实验装置示意图

实验台架和实验方案设计主要参考国家"十二五"重大专项"复杂结构井气体钻井工艺与随钻测量技术"中建立的气体钻水平井钻柱振动实验装置。在原有实验装置的基础上进行储气库注采管柱振动模拟实验台架的改装和建设。

（1）底座系统。

该部分为井筒模拟系统提供固定支撑，采用水泥底座，总长度为25m。上部20m为管柱及井筒固定支撑，下部5m为可升降支架支撑，可转动不同角度。

（2）模拟管柱系统。

模拟管柱系统采用外径为9mm、11mm和14mm的尼龙管和不锈钢管，整个模拟管柱长度为25m,封隔器上部20m管柱拟采用尼龙管,封隔器下部5m管柱采用不锈钢管,模拟封隔器安装在两种管柱之间。

(3)模拟井筒系统。

为了便于观察模拟油管在井筒中变形及运动规律,实验中采用透明的有机玻璃管作为模拟井筒,其外径为22mm,内径为19mm,长度为25m。有机玻璃井筒水平放置,无螺纹连接,靠卡箍和螺栓将其固定在水泥底座上。井筒之间留出一定空隙便于在管柱上安装各种测量短节和传感器。在必要时,可以借助高速摄像机对管柱更精细局部进行全过程摄像记录,提高实验的连续性和可分析性。

(4)测试系统。

测试系统包括压力计、振动测试单元和轴向力测试单元等。气体压力计用于实时监测注采气体的流量和压力。振动测试单元安装在模拟井口、模拟井底及管柱中部不同位置,用于观察和记录管柱运动状态,并采用专业软件处理数据得到管柱的振幅、频率、振动位移、速度和加速度等数据。轴向力测试单元安装在井底封隔器两侧,用于测试管柱轴向力和气体反作用力,判断管柱屈曲状态。

(5)气源及注气系统。

采用储气罐作为实验气源,初始压力为12MPa。通过电磁阀控制气体流动,气体从注气通道从模拟井口进入管柱模拟注气工况,通过采气通道从模拟井底进入管柱模拟采气工况,同时用气体压力计监测注采气量和压力。

2)模拟实验方法及步骤

(1)注采气量的选择。

通过统计和整理储气库注采井的生产数据,结合相似定理,确定了模拟实验中的注采气量,见表5-2-4。

表5-2-4 模拟实验中的注采气量

实际气量/(10^4m³/d)	10	20	40	60	80	100	120	150	200	250	300
模拟气量/(m³/min)	0.36	0.72	1.44	2.16	2.88	3.60	4.32	5.40	7.20	9.00	10.80

(2)实验步骤。

①检测实验台架各设备能否正常工作,对测试系统和注气系统进行调试;

②对管柱施加轴向力F,固定封隔器,开启注气通道,关闭采气通道;

③通过注气通道从模拟井口向管柱注入气量q,模拟储气库注气工况,通过振动测试单元记录管柱在瞬间开启和关闭工况以及气量稳定工况下管柱不同位置的振动参数;每组注气量测试3~5次,取平均值;

④切换注气和采气通道,记录采气工况下管柱振动参数;

⑤改变气量q,重复步骤③~④,记录不同位置管柱的振动参数;

⑥解除封隔器,改变管柱轴向力F,使管柱处于不同屈曲状态后固定封隔器,重复步骤③~⑤,测得不同轴向力下管柱的振动参数;

⑦转动支架,使下部管柱处于不同角度,重复步骤②~⑥,测得不同角度下管柱的振

动参数；

⑧记录好数据，关闭储气罐阀门，整理实验设备，收好数据线和物品；

⑨实验完成后，整理实验数据并做好记录，处理实验数据。

实验过程中需要记录的数据主要包括注/采气量，管柱轴向力，管柱横向振动位移、速度、加速度以及轴向振动位移、速度、加速度等，实验过程中由专业软件自动记录存储数据并形成相应的曲线，以便实验完成后对数据进行处理和分析。

4. 模拟管柱振动的影响因素分析

（1）气量对管柱振动的影响。

图 5-2-3 是实验气量分别为 2.05m³/min、3.06m³/min、3.6m³/min、6.55m³/min 和 11.22m³/min（换算为实际气量分别为 $57×10^4m^3/d$、$85×10^4m^3/d$、$100×10^4m^3/d$、$182×10^4m^3/d$ 和 $312×10^4m^3/d$）时金属管出口处的振动加速度曲线。

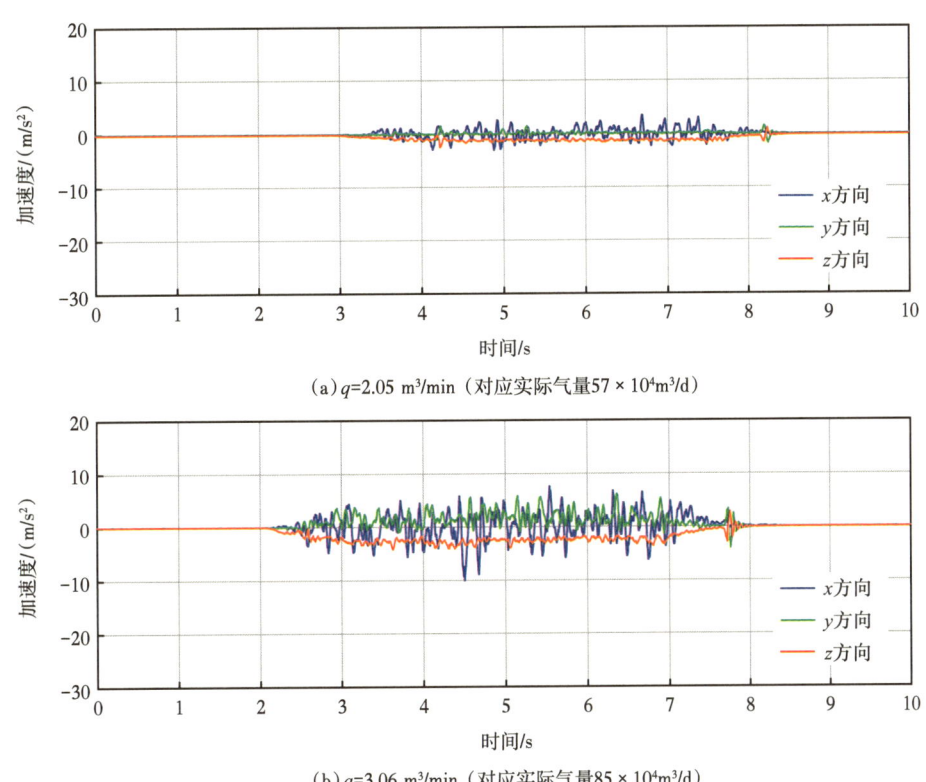

(a) q=2.05 m³/min（对应实际气量 $57×10^4m^3/d$）

(b) q=3.06 m³/min（对应实际气量 $85×10^4m^3/d$）

图 5-2-3 不同气量下金属模拟管柱出口处的振动加速度

（2）注采气方向对管柱振动的影响。

通过对比注气和采气工况下 9mm 模拟管柱轴向振动加速度（图 5-2-4 和图 5-2-5），注气工况下管柱中部的振动加速度大于靠近封隔器处管柱的振动加速度，而采气工况下靠近封隔器处管柱的振动加速度大于管柱中部的振动加速度。说明管柱的振动加速度不仅与气量有关，还与该处的气体压力有关，气体压力越大，则相同条件下该处的振动加速度也越大。

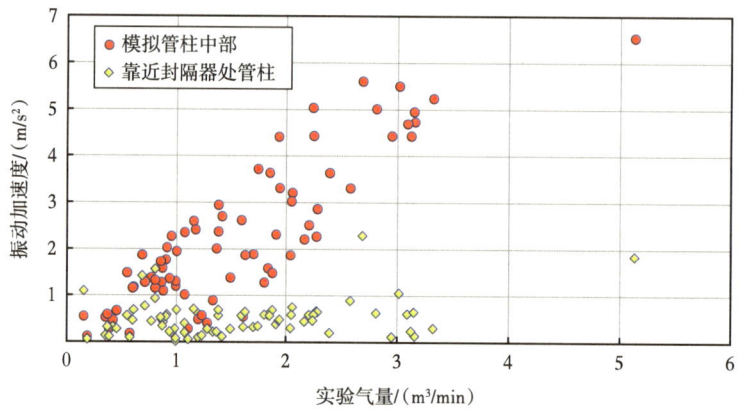

图 5-2-4　注气工况下模拟管柱轴向振动加速度随气量变化关系

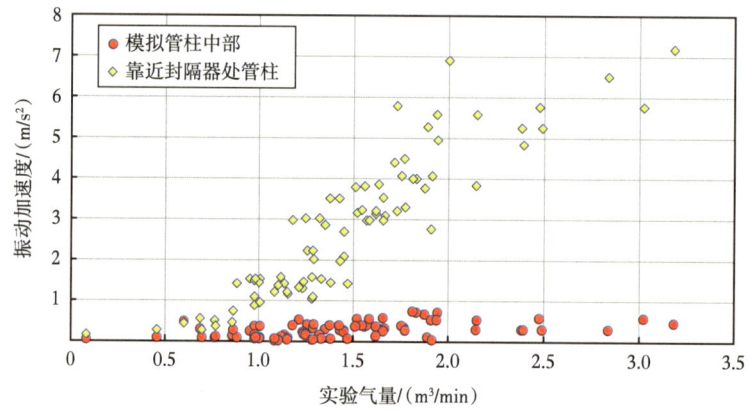

图 5-2-5　采气工况下模拟管柱轴向振动加速度随气量变化关系

图 5-2-6 为注气和采气工况下模拟管柱中部横向振动位移，在气量相同的条件下，模拟管柱中部的振动加速度在注气工况下大于其采气工况下的振动加速度，且注气工况下管柱在井筒内的横向位移更大，管柱摆动更严重。

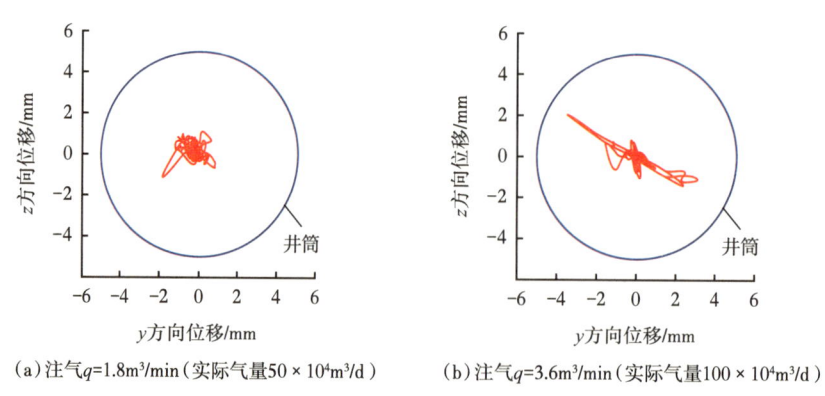

(a) 注气 $q=1.8\text{m}^3/\text{min}$（实际气量 $50×10^4\text{m}^3/\text{d}$）　　(b) 注气 $q=3.6\text{m}^3/\text{min}$（实际气量 $100×10^4\text{m}^3/\text{d}$）

图 5-2-6　模拟管柱中部横向振动位移

图5-2-7为注气和采气工况下模拟管柱中部横向振动位移，在气量相同的条件下，靠近封隔器处管柱的振动加速度在采气工况下大于其注气工况下的振动加速度，且采气工况下管柱在井筒内的横向位移更大，管柱摆动更严重。

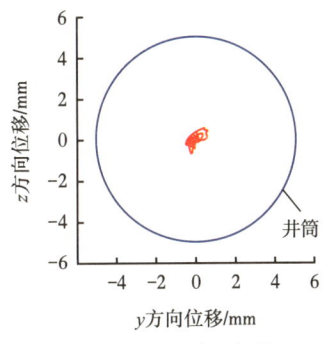 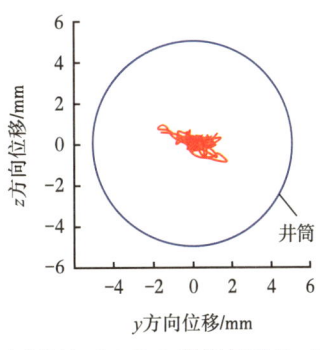

(a) 注气q=1.8m³/min（实际气量50×10⁴m³/d）　　(b) 注气q=3.6m³/min（实际气量100×10⁴m³/d）

图5-2-7　靠近封隔器处模拟管柱横向振动位移

（3）不同位置对管柱振动的影响。

注气工况下管柱不同位置的振动加速度如图5-2-6和图5-2-7所示。在注气工况下，管柱中部的振动加速度大于靠近封隔器处管柱。由图5-2-8可知，非金属模拟管柱在阀门开启和关闭瞬间振动较严重，而气量稳定时未发生振动；金属管出口处在整个注气阶段均发生较大的振动，其振动加速度大于非金属模拟管柱。

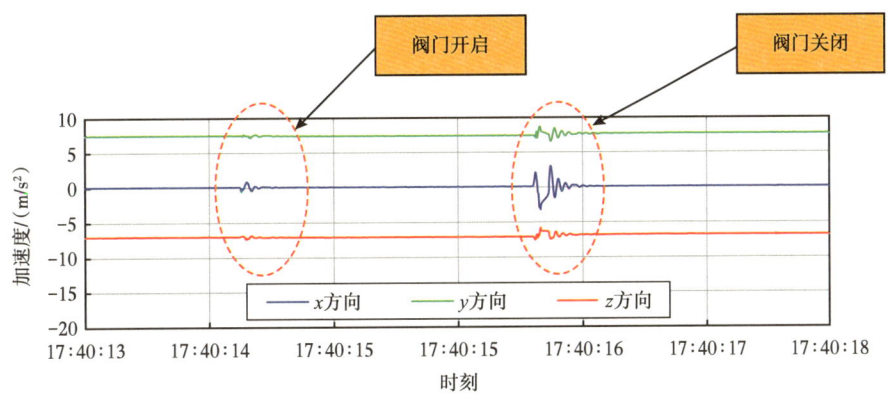

图5-2-8　注气工况下管柱不同位置振动加速度（q=2.5m³/min）

（4）不同管径对管柱振动的影响。

模拟实验中采用外径为9mm、11mm和14mm模拟管柱分别模拟实际ϕ73mm、ϕ88.9mm和ϕ114.3mm的油管柱。三种尺寸的模拟管柱在注气工况和采气工况下的振动加速度分别如图5-2-9和图5-2-10所示。

对比外径为9mm、11mm和14mm模拟管柱在不同工况下的振动加速度可知，相同气量下ϕ9mm管柱的振动加速度最大，ϕ11mm管柱的振动加速度次之，ϕ14mm管柱的振动加速度最小，且随气量的增加，ϕ9mm模拟管柱的振动加速度增加最快，说明管柱直径越小，管柱质量越轻，在相同气量或压力波动下，会产生更加严重的振动。因此，增大管柱直径有利于降低管柱振动。

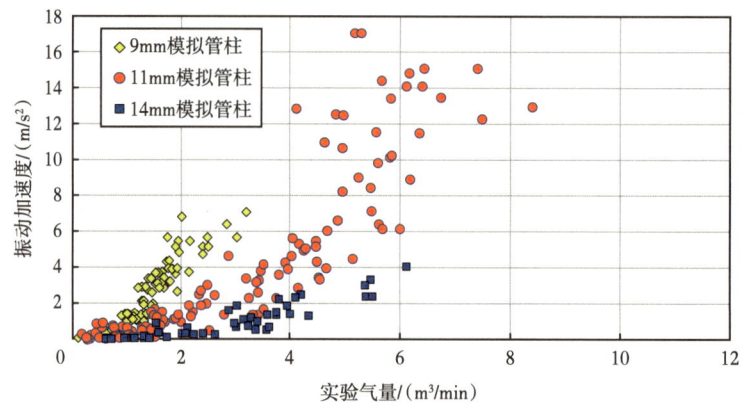

图 5-2-9　注气工况下不同管径模拟管柱中部的轴向振动加速度对比

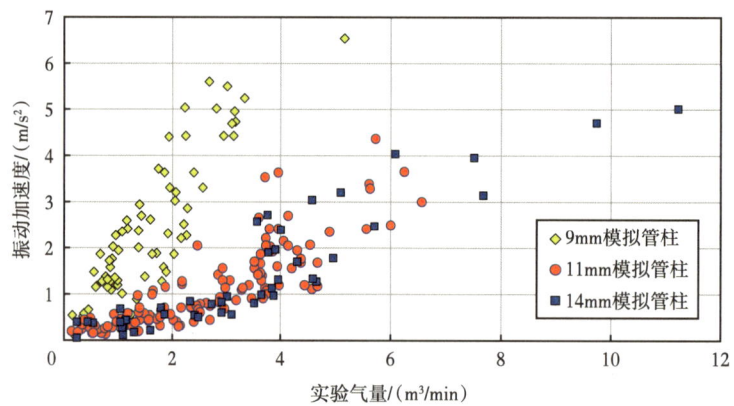

图 5-2-10　采气工况下不同管径靠近封隔器处模拟管柱的轴向振动加速度对比

（5）不同轴向力对管柱振动的影响。

在实际情况中，沿井深方向管柱所受的轴向力是不同的，从静力学上讲，通常井口处管柱受到最大拉力，封隔器处管柱受到最大压力，封隔器以上某处管柱既不受拉也不受压，此处即为管柱的"中和点"。因此，管柱的振动可能与轴向力有关。由于实验条件的限制，模拟实验中无法真实地模拟管柱的实际受力情况，只能改变整个管柱的轴向力。

在实验过程中，保持气量不变、改变模拟管柱的轴向力，分析了轴向力对管柱振动的影响，如图 5-2-11 所示。在四次实验中，实验气量均为 1.44m³/min，而管柱的初始轴向力分别为 18N、10N、-20N 和 -22N。

改变管柱轴向力后，模拟管柱的三个方向振动加速度的影响并不明显，在管柱受拉和受压情况下，其管柱振动加速度的改变也无明显规律，9mm 模拟管柱的临界屈曲载荷为 16.7N，因此当轴向力为 -20N 和 -22N 时，模拟管柱已经发生了正弦屈曲，但其振动加速度的波动也无明显改变。这也与实验前的调试阶段得出的结论相符合，即在管柱两端固定的条件下，稳定气体流过管柱时，即使管柱发生弯曲，中间的管柱也不会发生振动。因此，轴向力对封隔器与井口间管柱的振动影响不大。

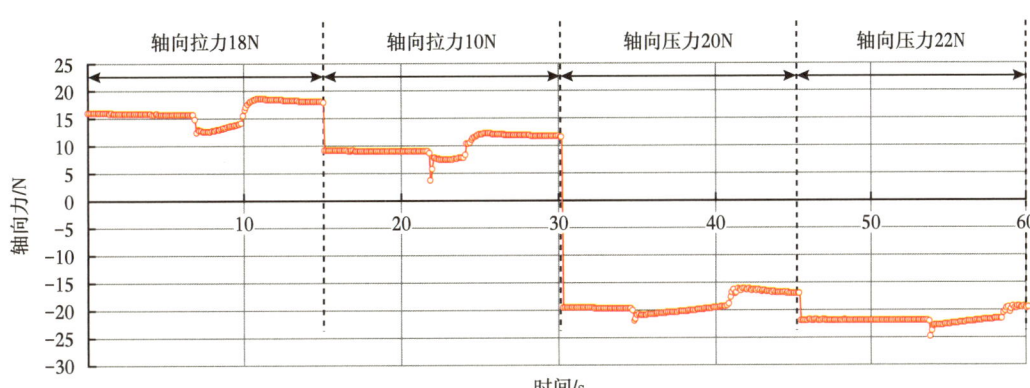

图 5-2-11　气量相同条件下改变管柱轴向力

三、注采管柱振动预测与防控

1. 注采管柱振动预测方法

利用大量试验数据修正了研究中采用的气体流动与管柱振动特性模型，使软件预测结果与实验数据更加吻合，并能更加真实地反映井下注采管柱振动的实际情况。并依次判断管柱共振条件，并且得到管柱共振的临界气量，同时将模拟管柱振动实验中得到的不同工况下管柱振动频率与实验气量线性拟合，并依据相似定理，得到实际管柱振动频率与注采气量的线性关系式，最后在"注采气体诱发管柱振动安全评估软件"中增加管柱振动频率计算、管柱共振判断及推荐注采气量范围功能，以确定不同尺寸注采管柱发生共振的临界气量，并得到各储气井的推荐注采气量，为储气井注采参数选择和注采管柱减振措施提供依据。

2. 注采管柱振动分析与防控

利用管柱振动模拟实验测得的数据和注采管柱振动预测方法，可以得到井下实际管柱的振动情况（蔡亚西等，1998a；梁政等，1999；梁春，2000；杨行，2009；蔡佩磊，2008）。

根据模拟实验结果，对比外径为 73mm、88.9mm 和 114.3mm 实际管柱在注气工况下的振动加速度可知，相同气量下 ϕ73mm 管柱的振动加速度最大，ϕ88.9mm 管柱的振动加速度次之，ϕ114.3mm 管柱的振动加速度最小，且随气量的增加，ϕ73mm 模拟管柱的振动加速度增加最快，说明管柱直径越小，管柱质量越轻，在相同气量或压力波动下，会产生更加严重的振动。因此，在井下实际工况下，增大管柱直径也有利于降低管柱振动。依次，可以根据注采管柱振动分析的规律制定相应的防控措施（蔡亚西等，1998b）。

第三节　注采管柱安全分析及评估方法研究

一、注采井管柱振动安全评估软件研发

1. 软件简介

储气井注采气体诱发管柱振动安全评估软件是以储气库注采井油管柱力学模型为基

础,以整个油管柱系统为研究对象,在 Visual Studio 2013 平台采用 Visual Basic 编程语言在 windows 8 的开发环境中完成。

该软件包括数据库模块、管柱静力学分析模块、管柱动力学分析模块和管柱安全性评价模块。管柱静力学分析模块能计算出不同工况下注采管柱的受力状态,包括油管柱变形量、油管底部受力、管柱屈曲形态以及油管底部轴向力随产量的变化关系等,管柱动力学分析模块可对注采管柱进行模态分析和瞬态动力学分析,得到管柱的振动频率、振型、振动速度以及轴向力和应力分布随时间的变化关系等。该软件还带有方便设计人员查询油管、套管以及井下工具的数据库,绘制三维井眼轨迹、二维井眼轨迹和悬挂器位置。软件计算的关键数据结果全部自动形成 Word 文件报告。

软件硬件要求:内存 2G 以上,i5 以上 CPU,屏幕分辨率 1280×960 以上。

软件系统环境:软件系统运行要求 Windows XP、Windows 7、Windows 8 或 Windows 10,另外必须安装有 .NET Framework 4.0 和 Microsoft Office 2007 以上。

应用该软件可对现场储气井进行安全性评价,可为储气井注采参数的优化或优选以及注采管柱安全的运行提供理论依据和指导。

2. 软件主要模块

1)数据库模块

数据库模块建立了 API 油套管、非 API 油套管数据库,封隔器及其他仪器仪表数据库,并加入了气密封油套管数据库,同时可以在后台加以补充和修改。

数据库模块包含"基本数据数据库"和"图形数据库"两部分。

(1)基本数据数据库。

基本数据数据库包括:基本参数(如:井号、井型、地层压力、井底压力、井口压力、产量、井口温度、井底温度、环境温度等)、管柱参数(如:油套管、井下安全阀、滑套、封隔器、下深等)、天然气组分参数(如:不同组分的摩尔分数、分子量、临界温度、临界压力、相对密度等)、储层基本参数(如:储层深度、厚度、渗透率、孔隙度、地层压力、温度等),如图 5-3-1 所示。

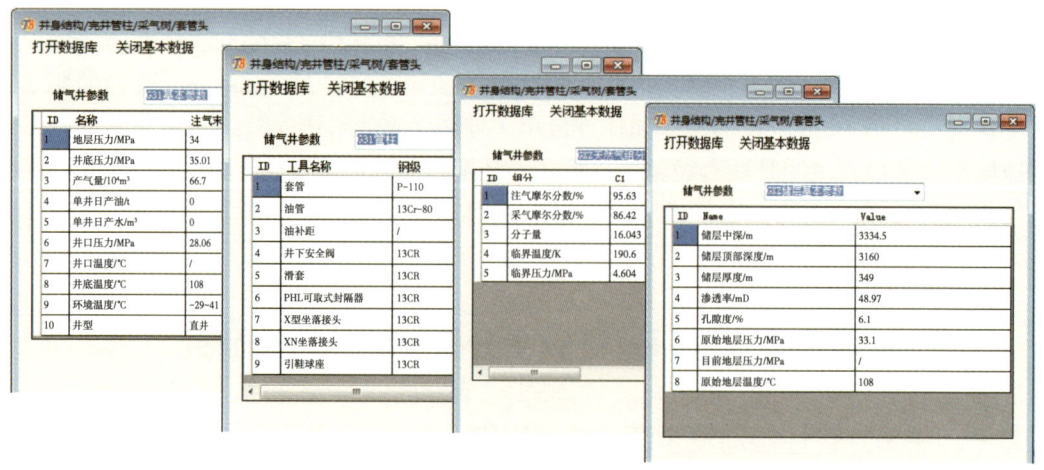

图 5-3-1 XX 井基本数据库查询图

（2）基本图形数据库。

图形数据库包含储气库井的井身结构图，管柱结构图，采气树图形，套管头图形，井眼轨迹模拟图等，其图形数据查询结果如图 5-3-2 所示。

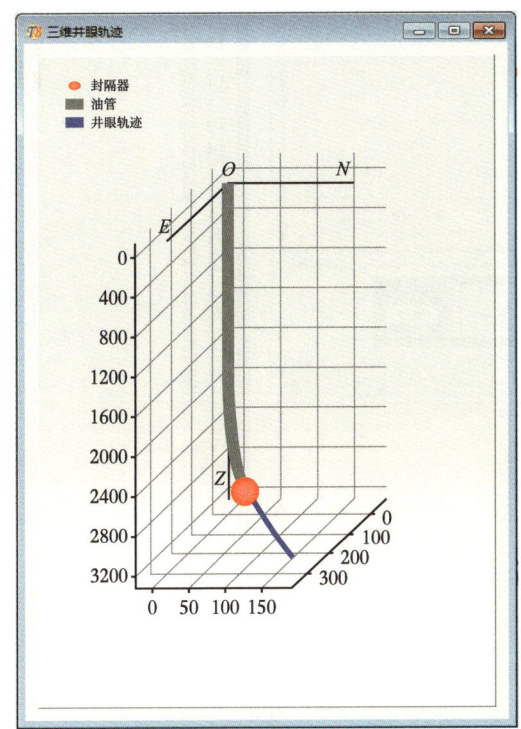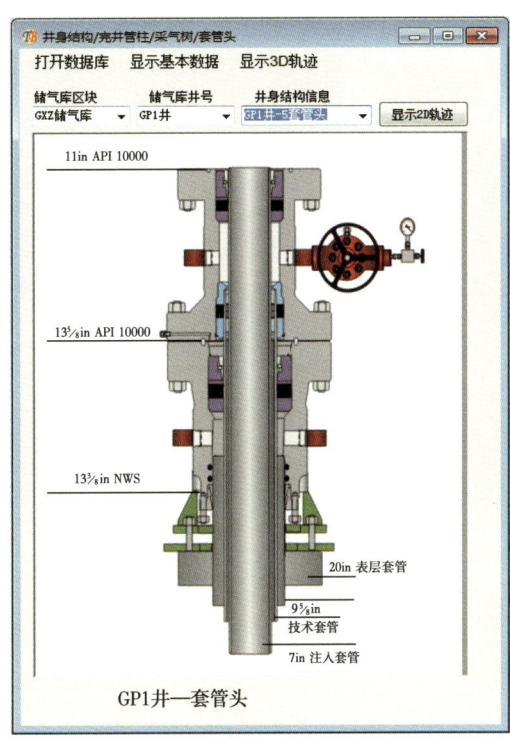

图 5-3-2　XX 井图形数据库

2）静力学评价模块

油管柱静力学分析是高产气井油管柱力学评价软件的主体，是一个十分重要的模块，更为后续的动力学分析及安全性评价提供了必要的计算数据和依据，其主界面如图 5-3-3 所示。

如图 5-3-3 所示，其中 a 包含了软件的输出 Word 报告功能和数据可视化功能，其中显示数据结果包含了产量与力的关系、动静力学安全系数比较等子模块。b 为基础参数的确定。c 为软件预留的油套管数据库，包含了常用尺寸的油套管数据。d 确定按钮，点击即可进行计算分析。e 为静力学评价模块。

（1）参数的输入。

如图 5-3-4 所示，根据气井实际工况下的生产数据，输入产量、油套压以及环空流体密度等参数，可计算得到井底天然气的物性参数以及封隔器处的压力参数。主要包括对封隔器压力参数和流体物性参数的设置，其中黄色框体是可以进行参数设置的选项。

（2）静力学评价结果。

该模块可计算得到油管柱的效应结果、封隔器工况结果、安全性评价结果以及管柱屈曲参数，方便操作人员了解生产时油管柱的具体状态。其中效应结果和管柱屈曲参数，安全系数及不同产量、油压与油管底部实际力的变化关系为主要评价对象，如图 5-3-5 所示。

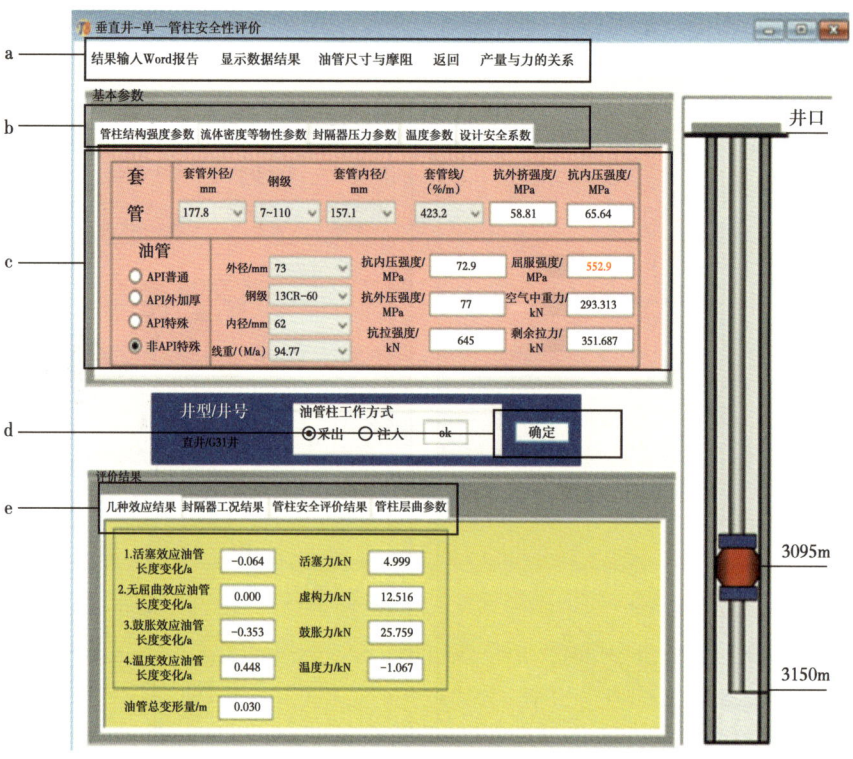

图 5-3-3 静力学分析主界面

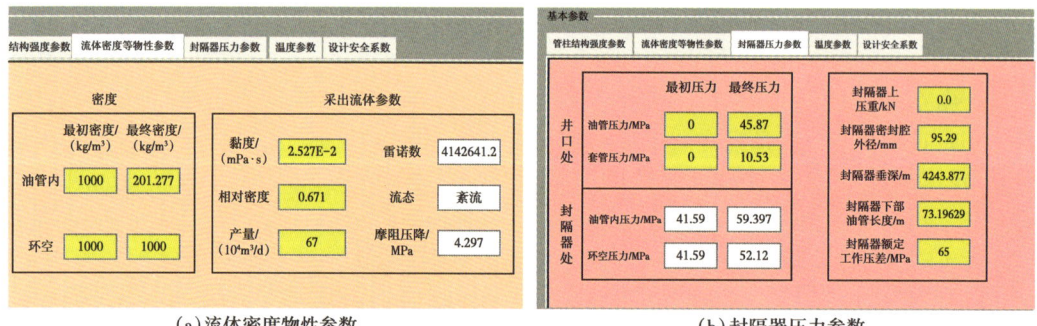

(a) 流体密度物性参数 (b) 封隔器压力参数

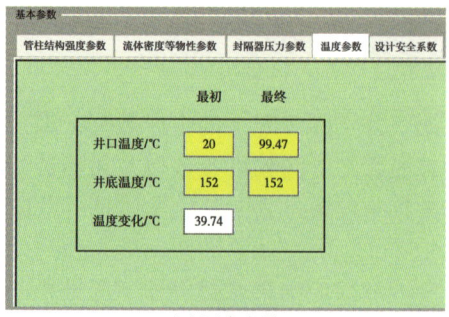

(c) 温度参数

图 5-3-4 参数输入界面

第五章 注采管柱振动安全评估技术

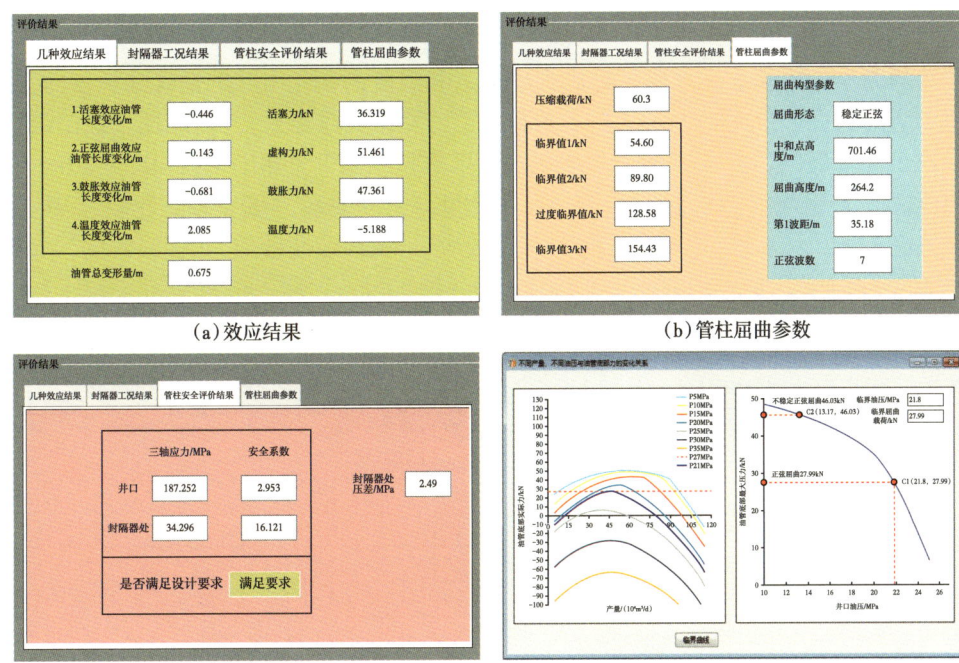

图 5-3-5 静力学评价结果

3）动力学评价模块

如图 5-3-6 所示，油管柱动力学分析主要包含模态分析、位移速度分析以及轴向力应力分析。该模块可对油管柱进行模态分析和瞬态动力学分析，得到管柱的振动频率、振型、振动速度以及轴向力和应力分布随时间的变化关系等。

4）查询工具模块

查询工具模块包含了天然气物性参数计算、气体井底流压及管柱参数计算。

如图 5-3-7 所示，根据该储气库井实际工况下的天然气参数，输入相对密度、压力以及温度等参数，可计算得到井底天然气的物性参数。主要包括临界压力、临界温度、对比压力、对比温度、压缩系数、压缩系数、体积系数、黏度、密度、分子量等。

如图 5-3-8 所示，根据该储气库井实际工况下的生产数据，输入井深、井口压力、井口温度等参数，可计算得到井底流压和临界冲蚀流量参数。主要包括平均密度，平均黏度，临界冲蚀流量等。

3. 软件操作说明

1）软件主界面

图 5-3-9 是软件的主界面图。在软件菜单栏里有 6 个下拉菜单，分别为"文件"菜单、"数据库"菜单、"管柱力学安全性评价"菜单、"查询工具"菜单、"帮助"菜单、"退出"菜单。每一个下拉菜单对应一个不同的计算模块，实现模块化编程和计算。

2）管柱力学安全性评价菜单

（1）静力学评价分析。

管柱静力学分析模块能计算出不同工况下注采管柱的受力状态，包括油管柱变形量、

107

油管底部受力、管柱屈曲形态以及油管底部轴向力随产量的变化关系等。管柱静力学分析界面如图 5-3-10 所示。

管柱静力学分析模块会准确计算出由于压力和温度的变化引起的油管柱长度的变化和各种附加应力。在评价结果选项卡中，可以查看"几种效应结果""封隔器工况结果""管柱安全评价结果""管柱屈曲参数"。单击"显示数据结果"会弹出下拉菜单可以查看"油管变形效应""产量与力的关系""临界油压、产量与力的关系""安全系数比较"。单击"油管变形效应"选项，即可查看油管柱因"活塞效应""螺旋屈曲效应""膨胀效应""温度效应"引起的变形量和"总变形量"。

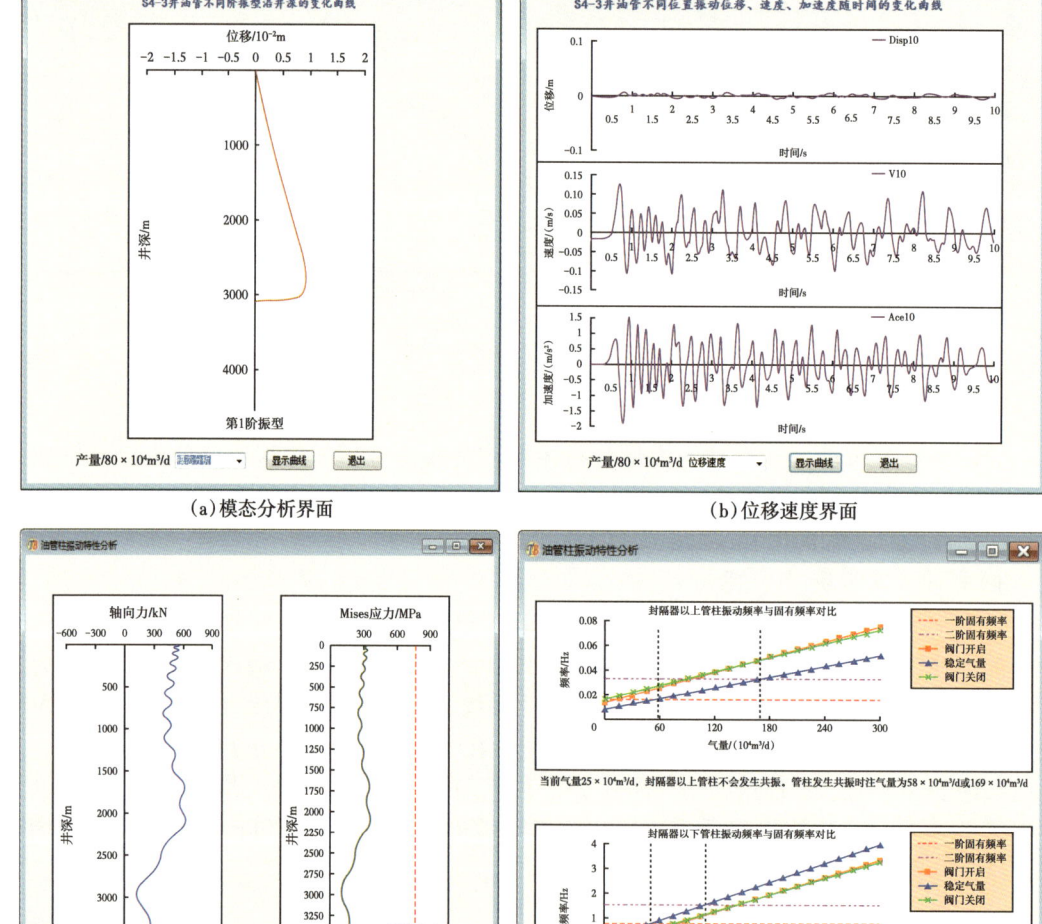

图 5-3-6　动力学分析结果

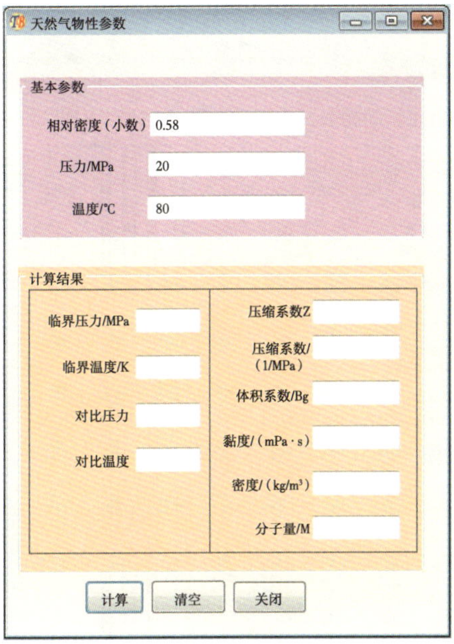

图 5-3-7　天然气物性参数计算模块 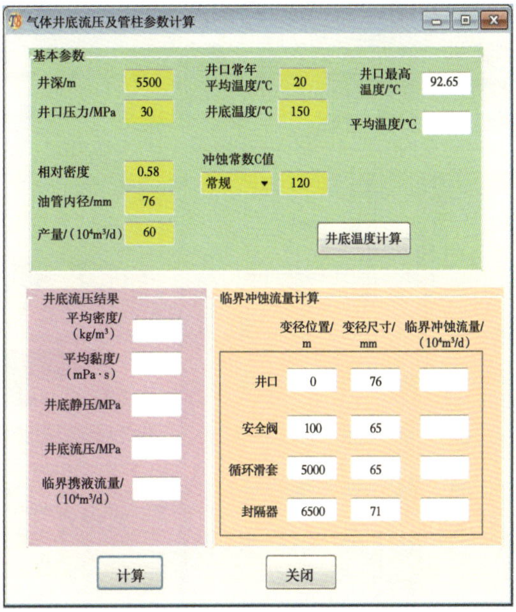　　　　图 5-3-8　气体井底流压及管柱参数计算模块

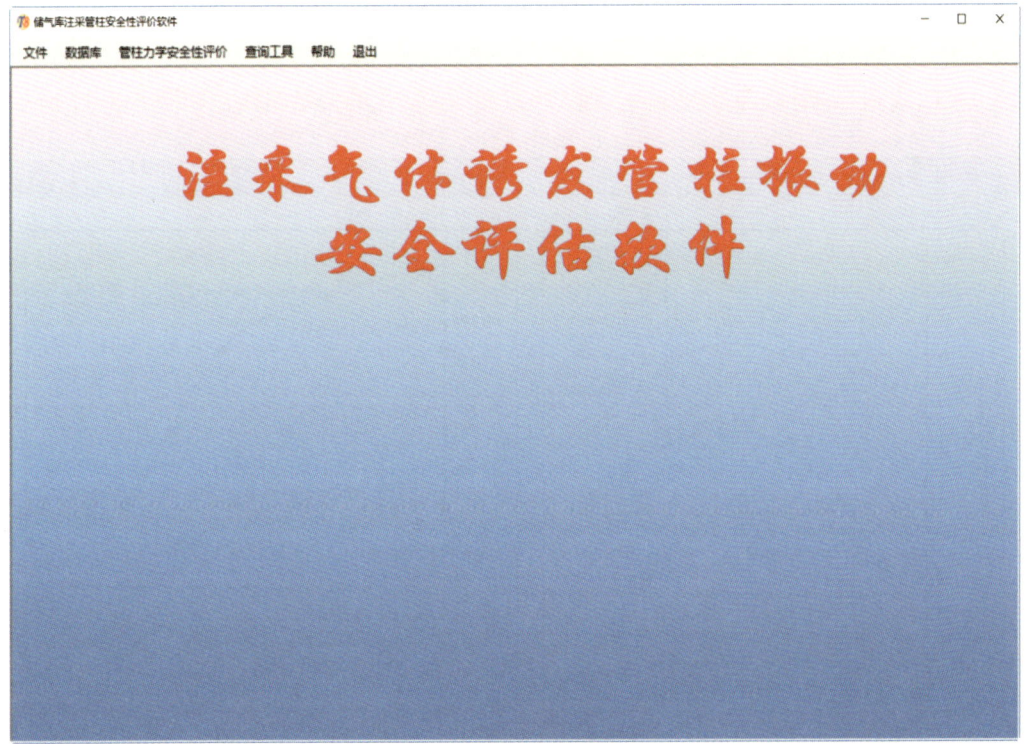

图 5-3-9　软件主界面

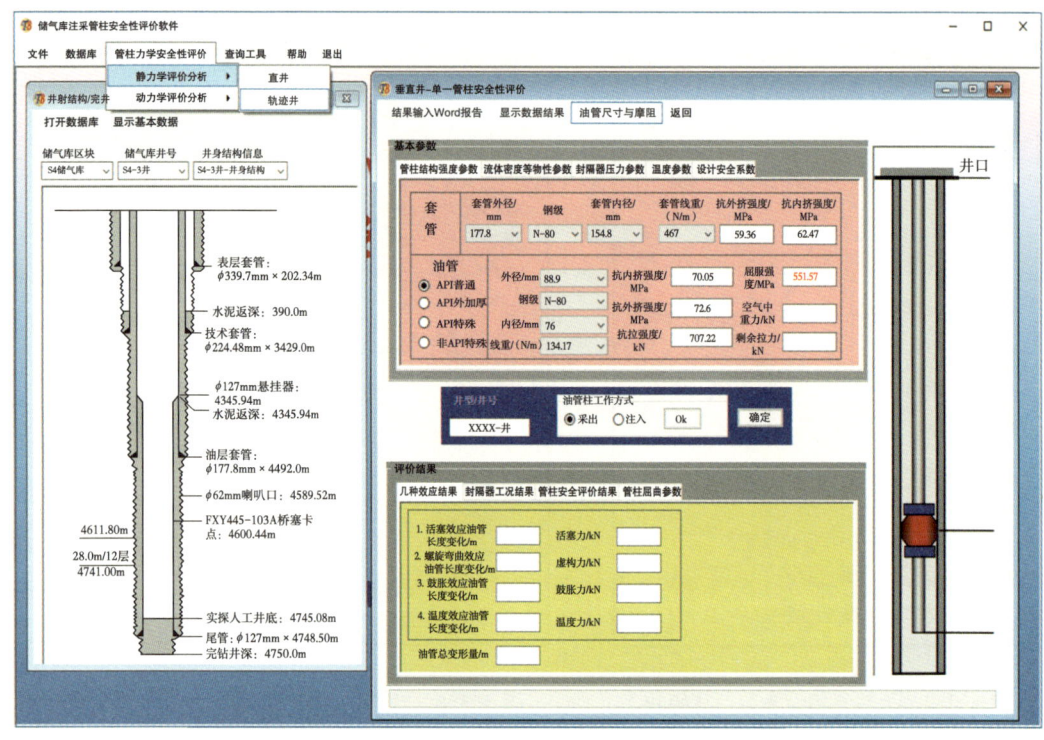

图 5-3-10 管柱静力学分析界面

单击"产量与力的关系"选项,可查看"油管度底部实际力"随"产量""井口油压"变化的关系曲线和"油管底部最大压力"随"井口油压"变化的关系曲线,如图 5-3-11 所示。

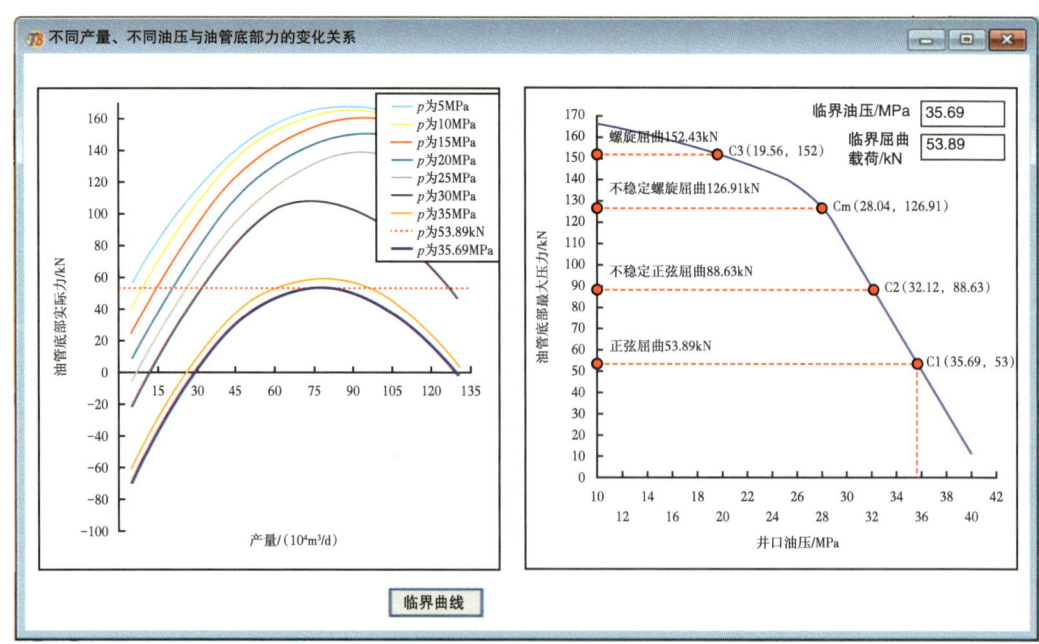

图 5-3-11 不同产量、油压与油管底部力变化曲线

单击"临界油压、产量与力的关系"选项,即可查看储气井"油管度底部实际力"随"产量"变化的拟合关系曲线,如图 5-3-12 所示。

单击"安全系数比较"选项,即可查看储气井静力学、动力学安全系数与设计安全系数比较图,如图 5-3-13 所示。

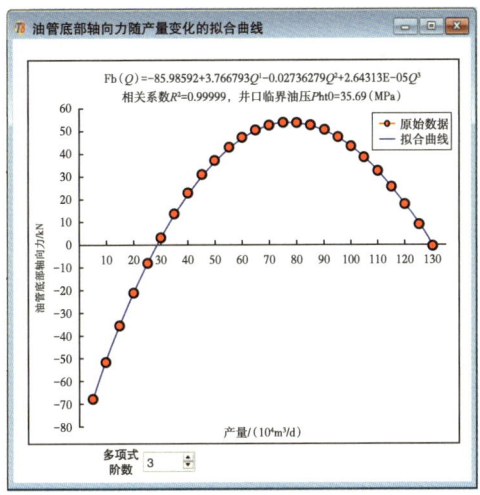

图 5-3-12 油管底部力随产量变化拟合曲线

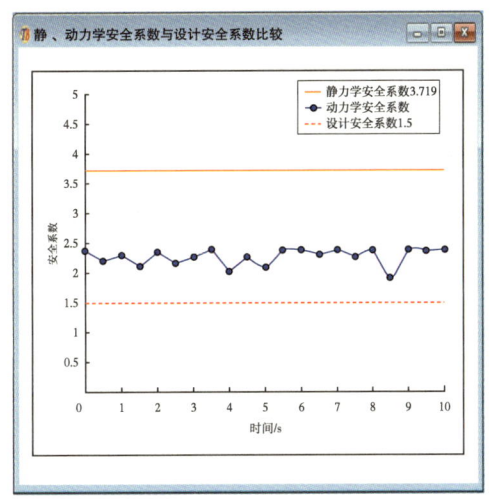

图 5-3-13 静动力学安全系数与设计系数比较图

单击"油管尺寸与摩阻"选项即可查看"摩阻与有关储存、产量关系,井口温度与产量的关系"。

在查看完静力学结果后可以在"单一管柱安全性评价选项卡中",单击"结果输入 Word 报告"即可将当前查看储气井的静力学计算结果自动存入 Word 文档并生成报告。

(2)动力学评价分析。

管柱动力学分析模块可对注采管柱进行模态分析和瞬态动力学分析,得到管柱的振动频率、振型、振动速度以及轴向力和应力分布随时间的变化关系等。在油管柱振动特性选项卡中在下拉菜单可以选择查看"模态分析""位移速度""轴向力应力"和"振动频率"显示结果如图 5-3-14 至图 5-3-17 所示，单击显示曲线即可查看油管柱沿井深方向的各阶位移、速度、加速度、轴向力、Mises 应力和振动频率变化曲线。

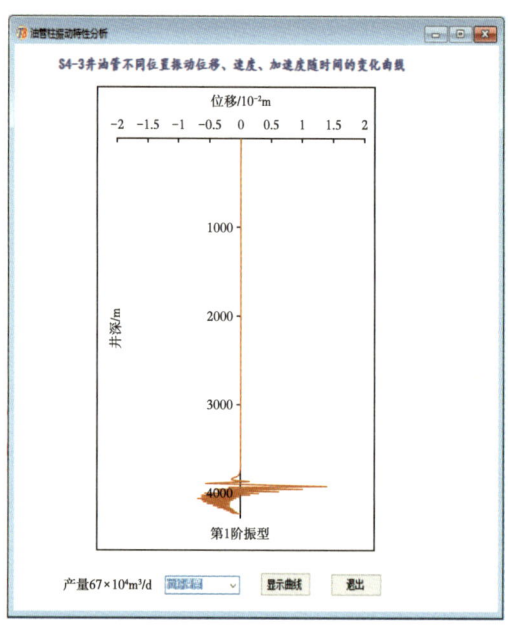

图 5-3-14　油管不同阶振型沿井深变化曲线

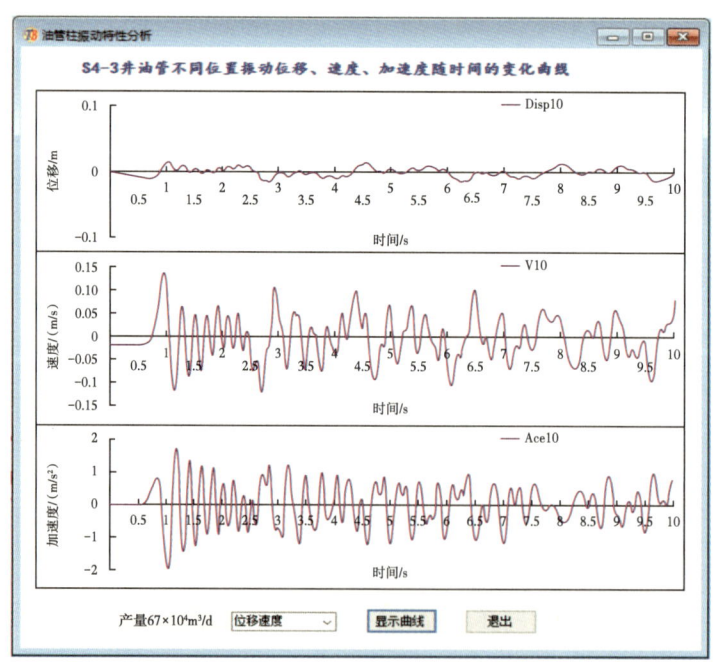

图 5-3-15　油管不同位置振动位移、速度、加速度变化曲线

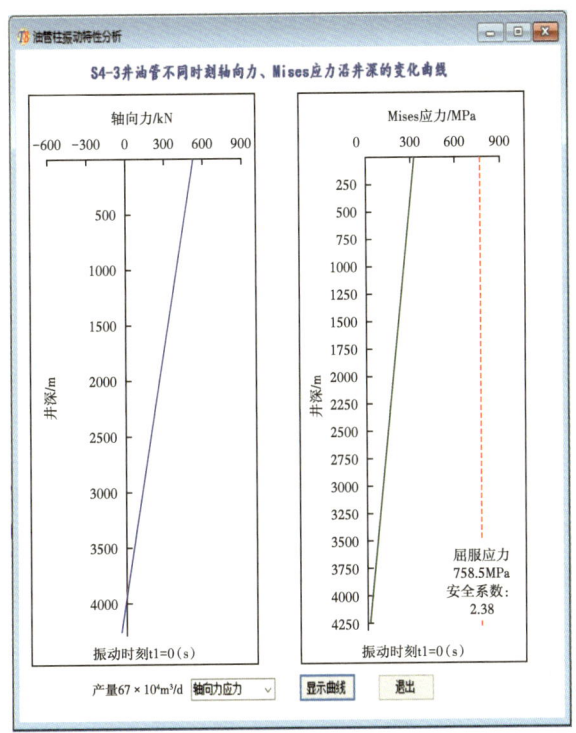

图 5-3-16　不同时刻轴向力、Mises 应力沿井深变化曲线

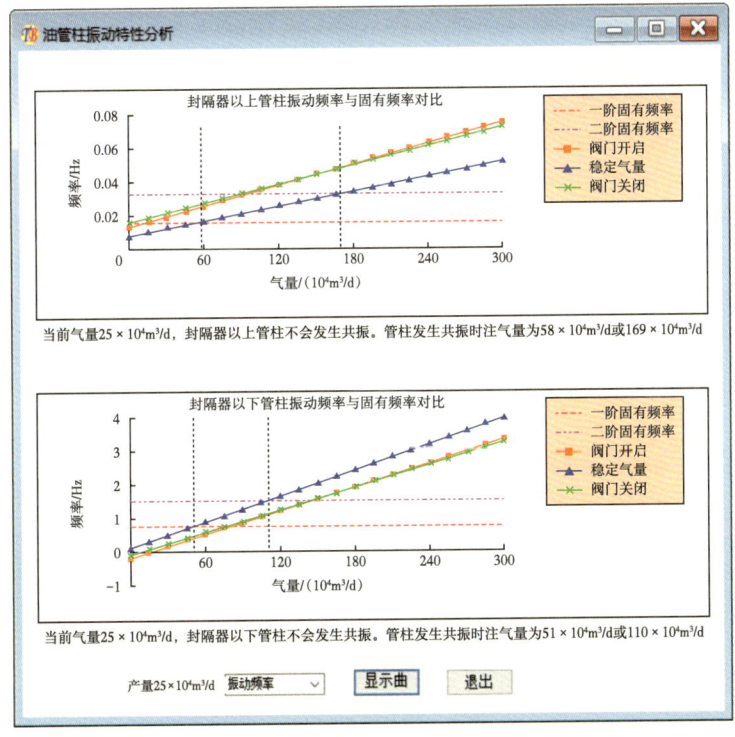

图 5-3-17　管柱振动频率与固有频率对比曲线

二、注采井管柱安全分析与评估规范

1. 安全分析与评估的准则和要求

1）安全分析与评估的一般原则

根据储气库生产运行方式和特点，在进行储气库注采井管柱安全分析与评估中需要从管柱静力学受力分析和管柱动力学管柱振动安全分析两个方面考虑，为此，注采井管柱安全分析与评估的准则和要求如下：

（1）采井完井管柱必须满足周期性交变应力条件下长期安全运行需要；

（2）注采井完井管柱最大注采气量不能超过管柱固有振动频率的90%；

（3）注采井完井管柱振动产生的动载不能对油管及工具产生破坏性影响；

（4）注采井完井管柱的动力学和静力学安全系数大于等于最小标准安全系数。

2）安全分析与评估的要求

安全评估与分析是通过对注采管柱静力学计算和在激振效应、横向振动、轴向振动等作用下的动力学计算模型（振动频率数学模型、振型数学模型、振动速度数学模型、轴向力和应力分布随时间的变化模型、管柱共振临界产量模型）分析，得到注采管柱发生各种损伤事故的可能性，保证管柱的可靠性。

2. 注采管柱受力分析及安全评估

1）注采管柱静态评估

注采管柱静态评估应根据注采运行工况及参数进行分析，分析某个生产瞬间的生产管柱受力情况，评估该时刻管柱的安全状况。

2）注采管动态评估

注采管柱动态评估应根据整个完整的注采周期的生产情况及静态分析状况，分析生产管柱整个运行周期的受力情况，评估整个周期注采管柱的安全状况。

（1）注采管柱动态分析内容。

在静力学分析和油管柱屈曲分析的基础上，建立流体动力学控制模型、注采管柱的激振模型、注采管柱横向振动模型、注采管柱轴向振动模型、注采管柱流固耦合振动模型等，对管柱进行包含模态分析、位移速度分析以及轴向力应力分析等动力学分析。

（2）注采管柱动态安全评估。

动力学安全系数评价：通过以上分析得出管柱振动过程中管柱内的最大 Von Mises 应力，得到某一时间段内的三轴应力安全系数，见表 5-3-1。

表 5-3-1 不同时刻管柱的安全系数

时刻	$t=0s$	$t=0.5s$	$t=1s$	$t=1.5s$	$t=2s$	$t=2.5s$	$t=3s$
安全系数							
时刻	$t=3.5s$	$t=4s$	$t=4.5s$	$t=5s$	$t=5.5s$	$t=6s$	$t=6.5s$
安全系数							
时刻	$t=7s$	$t=7.5s$	$t=8s$	$t=8.5s$	$t=9s$	$t=9.5s$	$t=10s$
安全系数							

共振临界产量：根据共振规律，管柱振动频率与管柱某阶固有频率接近时，管柱便发生共振，共振将导致管柱剧烈振动，加剧管柱的破坏，降低管柱安全性。通过分析与计算，得出不同工况和不同条件下管柱的振动频率与固有频率对比图，如图5-3-18所示。

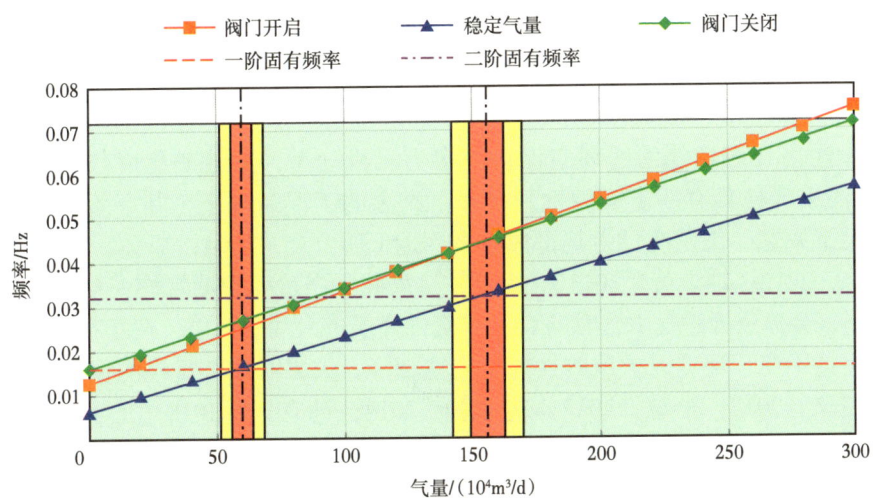

图 5-3-18　管柱振动频率与固有频率对比图

为了保证管柱生产期间的安全性，应尽量避开共振气量范围，按照管柱振动频率与其固有频率的接近程度，制定了管柱振动安全性分级标准，将管柱振动安全性分为三个等级，分别表示管柱有很大概率发生、可能发生以及不会发生共振（表5-3-2）。

表 5-3-2　管柱振动安全性等级划分

类别	原则	表现形式
红色	管柱振动频率在其固有频率左右5%以内	管柱有很大概率发生共振
黄色	管柱振动频率在其固有频率左右10%以内	管柱可能发生共振
绿色	管柱振动频率在其固有频率左右10%以外	管柱不会发生共振

3. 安全期限

（1）储气库注采管柱应在安全期限内运行，新井注采管柱的安全生产期限宜在储气库建库时确定。

（2）对于超过安全生产期限的注采管柱，未进行安全分析与评估及延长安全生产期限措施的，不得继续使用。

（3）对于设计时未指定安全生产期限的，应根据该井目前的技术状态，进行安全分析与评估。

4. 安全生产建议

通过对安全分析与评估结果的分析，得出继续生产、指定参数条件下运行、变化参数条件下运行、修井、改变井的用途或报废结论。

第六章 "自修复"环空保护液

储气库注采井现场使用的环空保护液多为无机盐型，溶液矿化度较高，含有较多的 Cl^-，对注采管柱具有一定腐蚀性。在井下高温的工况条件下，井下管柱存在发生电偶腐蚀、垢下腐蚀、细菌腐蚀等局部腐蚀的风险（郑力会，2004；郑义，2010；李晓岚，2010；曾浩，2012；钟志英，2013）。此外，注采井生产过程中油管柱一旦发生腐蚀穿孔或螺纹泄漏，会导致天然气中含有的 CO_2 等腐蚀介质进入油套环空，现场在用环空保护液性能无法保持不变，环空保护液的性能会迅速下降，失去对注采管柱的保护作用（李治，2015；武俊文，2017；李慧，2017；刘徐慧，2017；孙宜成，2018；王云，2019；王兆会，2020；王云，2020；潘丽娟，2021）。为此，研发了一种能够在少量腐蚀性介质进入环空后，仍能够基本保持性能不变的环空保护液，此环空保护液具备良好的稳定性和防腐性，可延长对环空油套管的保护。

第一节 储气库注采管柱腐蚀规律分析

无论是地下储气库建设过程中还是其投入生产使用之后，腐蚀是一个伴随始终的严重问题。管柱多处于含氧、硫化氢、二氧化碳、氯离子或导电性强的钻井液、完井液、地层水、原油或天然气中，极易发生电化学腐蚀。除此之外，管柱在服役过程中大多数处于温度、压力、液体流速、气体流速、荷载应力等不断变化的动态环境中，使得管柱腐蚀加剧并产生多种类型的综合腐蚀，对管柱的安全运行造成了极大的威胁。

一、管柱腐蚀机理

储气库注采井因其同注同采的独特工况，在生产过程中将反复受到腐蚀性气体影响。管柱腐蚀与地层水、压力、温度、流速、管材成分和结构等有关，主要包括电化学腐蚀、冲刷腐蚀、环境断裂、流动诱导腐蚀四种腐蚀类型，见表6-1-1。现场出现的管柱腐蚀形态主要有均匀腐蚀、局部腐蚀与点状腐蚀等。

表 6-1-1 气井管柱腐蚀类型与机理

腐蚀类型	腐蚀机理	形式
电化学腐蚀	钢材与 H_2O、CO_2、H_2S 等介质接触，金属的保护性氧化膜溶解于电解质溶液	均匀腐蚀 局部腐蚀
冲蚀腐蚀	钢材受到高速气体的粒子冲击，产生应力集中，导致裂缝萌生和扩展，表面出现破坏磨损	冲蚀
环境断裂	结构应力、钢材材质、腐蚀介质和环境相互激励，导致管柱突发性断裂或爆裂现象	疲劳腐蚀 应力腐蚀断裂
流动诱导腐蚀	加速腐蚀介质向表面移动，促使腐蚀产物离开原位置，从而加大腐蚀	扰流 多相流流态

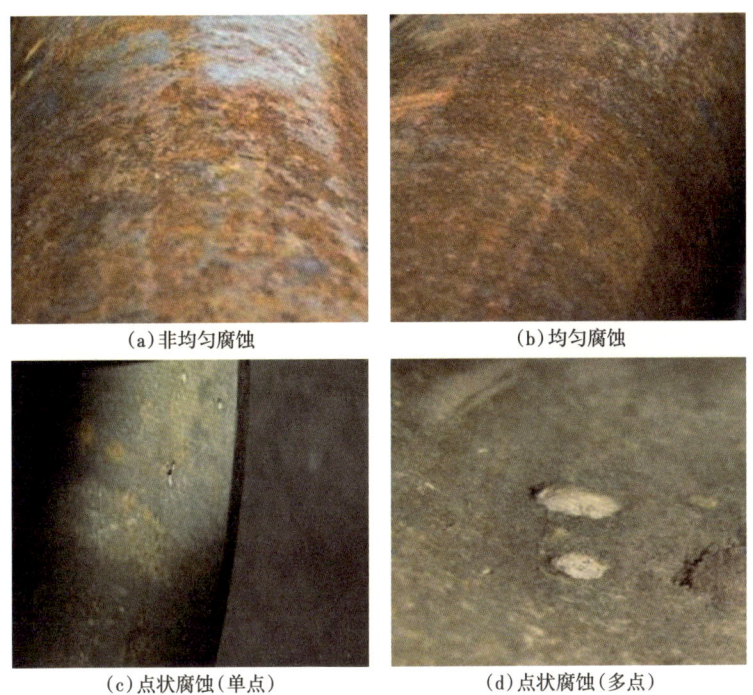

(a)非均匀腐蚀　　　　　　　　　(b)均匀腐蚀

(c)点状腐蚀(单点)　　　　　　　(d)点状腐蚀(多点)

图 6-1-1　储气库井注采管柱现场腐蚀形貌图

二、管柱腐蚀主要影响因素分析

注采管柱腐蚀受到腐蚀环境和腐蚀介质的交互作用。腐蚀环境指不同井深处的温度、压力、流场等，通常导致流体相态变化，从而加剧腐蚀。腐蚀介质包括 CO_2、H_2S 等酸性气体、天然气中所携带的地层水、管道壁上的凝析水，及其中溶解的碳酸盐、氯化物及其他矿物盐、溶解氧等。在储气库实际运行工况下注采管柱的腐蚀失效往往是多种腐蚀因素的综合体现。

1. 温度对管柱腐蚀的影响

温度主要通过影响化学反应的进程和腐蚀产物在腐蚀介质中的饱和度来影响腐蚀速率的，且主要影响腐蚀产物膜的生成。形成腐蚀产物膜之前，由于碳钢表面近溶液中的离子因腐蚀而消耗，远离表面的溶液中离子浓度保持平衡，因此在金属表面边界层的溶液形成了离子浓度梯度，产生离子扩散。边界层中酸根离子扩散对金属腐蚀起到了决定性的作用。腐蚀产物膜形成后，腐蚀产物膜的厚度呈现抛物线性规律增长。由于腐蚀膜厚度的增加减缓了腐蚀反应，腐蚀速率的降低又减缓了腐蚀产物膜的形成，最终达到平衡状态。

2. 水对管柱腐蚀的影响

地下储气库注采管柱腐蚀现象的出现始于注采气过程中的地层水，并且随着水含量的增多腐蚀问题也愈加突出。造成储气库油套管和采气装备腐蚀的水，主要来自天然气流所携带的凝析水。凝析水是天然气携带的水蒸气，它是因产层到井口压力、温度的改变，造成天然气压力露点的变化而在油套管壁上凝结而成，该凝析出水位置以上管柱容易腐蚀。

3. H_2S 对管柱腐蚀的影响

作为导致管柱发生腐蚀的重要酸性气体之一，硫化氢在干燥的条件下并没有腐蚀性，只有和游离水同时存在形成湿硫化氢才能对管柱产生腐蚀作用。硫化氢溶于水降低了管柱材料氢致开裂（HIC）的临界拉应力，管材强度较高时易发生硫化物应力腐蚀开裂（SSCC），强度较低时管材易发生 HIC 或氢脆（HB）。

硫化氢腐蚀使得管材质量损失，结构的壁厚减薄，强度降低，产生均匀腐蚀；当腐蚀缺陷以一定的速度向纵深延伸，逐渐穿透管壁时将形成点状腐蚀缺陷。

硫化氢腐蚀的主要影响因素有：溶液中溶解的硫化氢含量、温度、pH 值等。

4. CO_2 对管柱腐蚀的影响

干燥的 CO_2 自身对管柱不会产生腐蚀，然而 CO_2 非常容易溶解于水产生碳酸，导致水溶液呈酸性，管柱处于碳酸水溶液中时会发生电化学腐蚀。随着地下储气库开始投入生产使用，水含量也随之增加，CO_2 遇水导致管柱腐蚀，将会大大地降低管柱的使用寿命。

CO_2 对管柱的腐蚀属于管柱内壁腐蚀，主要包括 3 种特征。在一定条件下，管柱中的水气附着在管柱内壁，CO_2 溶于水使得管柱发生均匀腐蚀；由于管柱中存在高速气流，管柱内壁生成的腐蚀产物被气流带走，使得管柱不断暴露，加速了管柱的腐蚀，形成冲刷腐蚀；CO_2 腐蚀最典型的特征是出现局部性的坑蚀、轮癣状腐蚀和台面状腐蚀。

影响 CO_2 腐蚀速率的主要因素有：CO_2 分压、温度、介质组成、pH 值、流速、管柱表面膜、承受荷载大小等。

5. 强注强采对管柱腐蚀的影响

储气库注采井与普通气井相比，吞吐量较大，平均日采气上百万立方米，对管柱的冲蚀能力强，会加剧电化学腐蚀速率。在储气库采气期和注气期均存在管柱冲蚀，由于注采管柱工具内径不一致，不同位置冲蚀磨损程度不一样。以文 96 储气库为例，最大冲蚀流速位置为管柱内径最小的安全阀和滑套处，安全阀和滑套最先发生冲蚀。注气期，井口注气压力增大，产量增大，容易发生冲蚀；采气期，井口采气压力减小，产量增大，容易发生冲蚀。此外，由于注采井周期性强注强采，管柱在腐蚀介质环境下，受交变荷载作用更容易加剧管柱的腐蚀与疲劳损伤、导致管柱失效。

第二节 "自修复"环空保护液配方优化设计

环空保护液是充填于注采井生产套管和注采管柱之间，其作用是减轻封隔器所承受的上下压差，降低油管柱与环空之间的压差，抑制油管外壁和套管内壁的腐蚀。储气库注采井在环空加注质量合格的环空保护液，但近年来仍有储气库井注采管柱发生外腐蚀失效的案例发生，分析原因为 CO_2 等腐蚀介质进入了环空，环空保护液的性能下降，对油套管的保护能力降低，最终导致油管外壁腐蚀。

为此，在综合评价现场环空保护液应用效果及存在问题的基础上，通过开展除氧、阻垢、杀菌、电化学测试、腐蚀评价、高温老化等实验，研发了一种满足现场有 CO_2 等腐蚀介质进入环空工况下通过自调节能保持 pH 值在碱性或中性范围，维持性能不变的"自修复"型环空保护液，增强对油套管的防腐性能。

一、阻垢剂优选

参照标准 ASTM G170—06（2012）实验室中对油田及炼油厂缓蚀剂评价及鉴定的标准指南，采用碳酸钙沉积法对所选用的阻垢剂 PBTCA 进行阻垢性能测试，测试不同添加量（10mg/L、15mg/L、20mg/L）下其对 $CaCO_3$ 的阻垢效果。

图 6-2-1 为不同添加量下的 PBTCA 的阻垢率，结果表明随着阻垢剂 PBTCA 添加量的增大，溶液中 Ca^{2+} 含量增加，对 $CaCO_3$ 的阻垢性能增强。当阻垢剂的添加量为 15mg/L 时，其对 $CaCO_3$ 的阻垢率为 91.20%；当阻垢剂的添加量为 20mg/L 时，其对 $CaCO_3$ 的阻垢率为 93.50%。

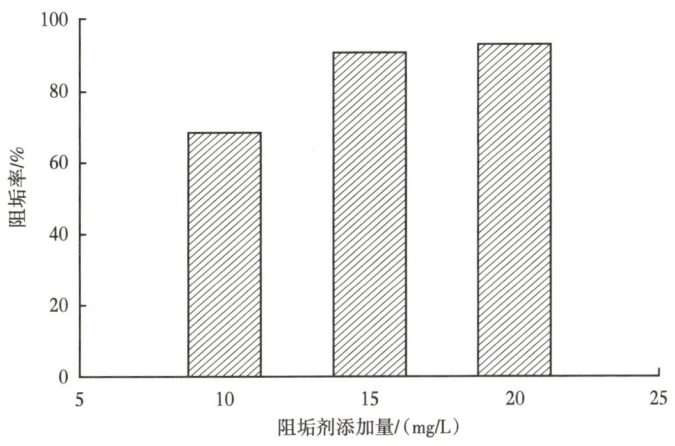

图 6-2-1 NaCl 型环空保护液中氧含量—时间的关系曲线

二、杀菌剂优选

初步筛选了两种杀菌效果较好的两种杀菌剂：2#杀菌剂（BP）与 3#杀菌剂（1227）。两种杀菌剂都具备良好的水溶性（图 6-2-2），水溶液均呈无色透明状，未发现分层、沉淀等现象。

(a) 2#杀菌剂　　　　　　　　　　　(b) 3#杀菌剂

图 6-2-2 自来水中杀菌剂的溶解状态

按照杀菌剂的配方用量,将两种杀菌剂分别添加至 NaCl 型环空保护液中,通过逐步稀释法评价两种杀菌剂的杀菌性能,杀菌性能测试结果如图 6-2-3 所示,杀菌性能评价结果见表 6-2-1。

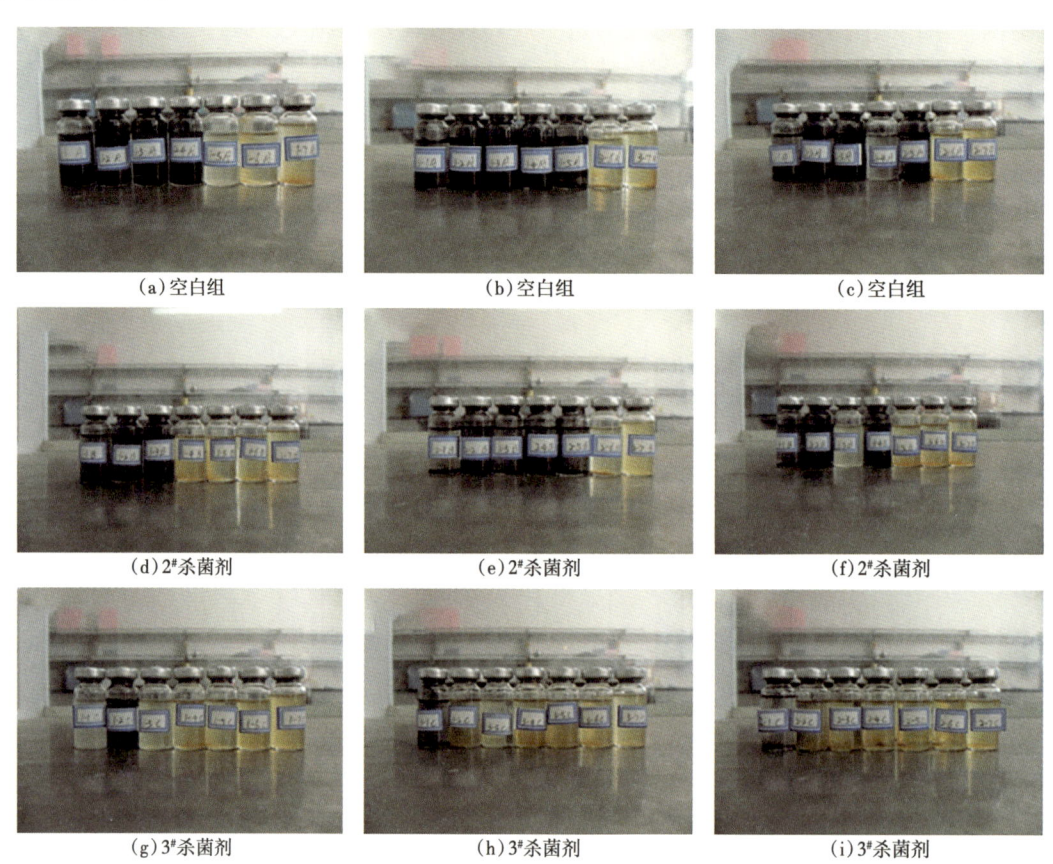

图 6-2-3　两种杀菌剂的杀菌性能测试结果

表 6-2-1　杀菌剂的杀菌性能评价结果

溶液类型	编号	SRB 测试瓶状态							细菌数量 / 个	杀菌率 /%
		1	2	3	4	5	6	7		
空白组	1-1	√	√	√	√	×	×	×	$110×10^3$	—
	1-2	√	√	√	√	√	×	×		
	1-3	√	√	√	√	×	×	×		
2# 杀菌剂（BP）	2-1	√	√	×	×	×	×	×	$15×10^3$	86.36
	2-2	√	√	√	√	√	×	×		
	2-3	√	√	√	×	×	×	×		
3# 杀菌剂（1227）	2-1	√	√	×	×	×	×	×	$4.5×10$	99.96
	2-2	√	×	×	×	×	×	×		
	2-3	√	×	×	×	×	×	×		

测试结果表明：两种杀菌剂均具有较好的杀菌效果，杀菌率分别为86.36%和99.96%。因此，优选3#杀菌剂作为NaCl型环空保护液的杀菌组分。

三、缓蚀剂优选

结合油气田常用的缓蚀剂类型及缓蚀性能，初步筛选了2#缓蚀剂、3#缓蚀剂、YJH-2缓蚀剂（4#）、5#缓蚀剂4种缓蚀剂。

1. 缓蚀剂溶解性测试

按照0.15%的添加量分别向纯水以及密度为$1.05g/cm^3$的NaCl盐水溶液中添加四种缓蚀剂，搅拌均匀后，室温下静置1h，测试4种缓蚀剂在两种溶液中的溶解性。测试结果如图6-2-4所示及见表6-2-2，测试结果表明：4种缓蚀剂在纯水中均具有良好的溶解性，溶液呈无色透明状；在NaCl盐水溶液中，3#缓蚀剂溶解性较差，相互聚集形成絮状悬浮物，其他3种缓蚀剂溶解性能良好。

(a) 2#缓蚀剂，水溶液

(b) 2#缓蚀剂，盐水溶液

(c) 3#缓蚀剂，水溶液

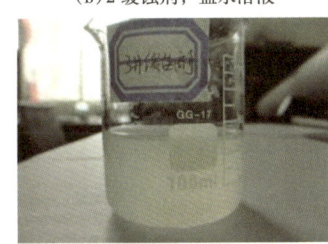
(d) 3#缓蚀剂，盐水溶液

(e) 缓蚀剂YJH-2，水溶液

(f) 缓蚀剂YJH-2，盐水溶液

(g) 5#缓蚀剂，水溶液

(h) 5#缓蚀剂，盐水溶液

图6-2-4 四种缓蚀剂在两种溶液中的溶解状态

表 6-2-2　4 种缓蚀剂在两种溶液中的溶解状态

缓蚀剂类型	2#缓蚀剂	3#缓蚀剂	YJH-2	5#缓蚀剂
纯水	完全溶解	完全溶解	完全溶解	完全溶解
$CaCl_2$+NaCl 溶液	完全溶解	絮状不溶物	完全溶解	完全溶解

2. 缓蚀剂缓蚀性能测试

选用溶解性较好的 2#缓蚀剂、缓蚀剂 YJH-2（4#缓蚀剂）、5#缓蚀剂对 J55 与 P110 管材开展腐蚀模拟实验。按照 0.15% 的添加量（约 2000mg/L）分别向密度为 1.05g/cm³ 的 NaCl 环空保护液中添加 3 种缓蚀剂，搅拌均匀后作为实验溶液。参照标准 GB/T 10124—1988《金属材料实验室均匀腐蚀全浸试验方法》，分别选用 72 h 与 120 h 的实验周期，测试实验周期内 J55 与 P110 两种管材在 NaCl 环空保护液有缓蚀剂和无缓蚀剂条件下的腐蚀速率。

图 6-2-5 与图 6-2-6 分别为 J55 与 P110 管材在不含缓蚀剂的 NaCl 环空保护液中浸泡 72 h 与 120 h 时的宏观形貌。酸洗后 J55 与 P110 试样表面均未发现明显的局部腐蚀，腐蚀形貌为均匀腐蚀。两种管材的腐蚀速率随实验周期的变化结果如图 6-2-7 所示，由图可以看出：随着实验周期的延长，J55 与 P110 管材的腐蚀速率均有所降低。其原因是实验过程中产生的腐蚀产物在金属基体上沉积，在一定程度上抑制了金属基体的腐蚀。

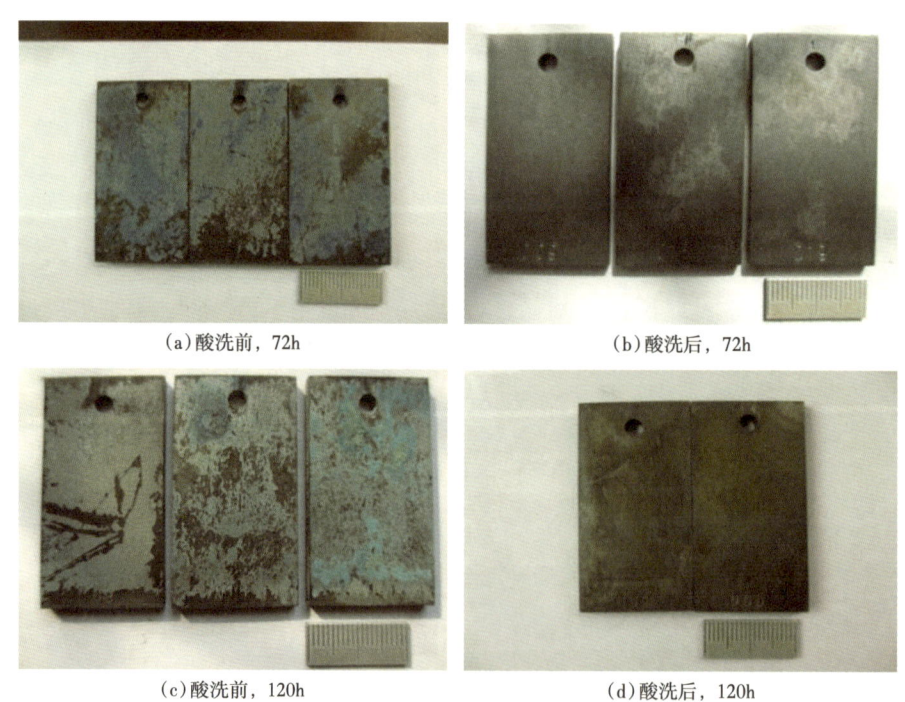

(a)酸洗前，72h　　　　(b)酸洗后，72h

(c)酸洗前，120h　　　　(d)酸洗后，120h

图 6-2-5　J55 在环空保护液（无缓蚀剂）中浸泡不同周期时的宏观形貌

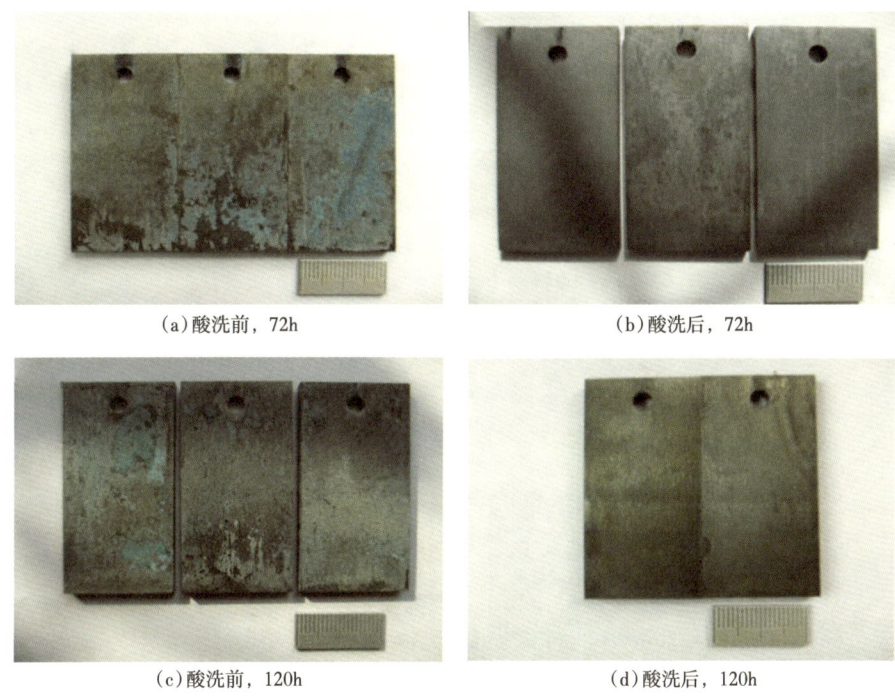

(a)酸洗前,72h　　(b)酸洗后,72h

(c)酸洗前,120h　　(d)酸洗后,120h

图6-2-6　P110在环空保护液(无缓蚀剂)中浸泡不同周期时的宏观形貌

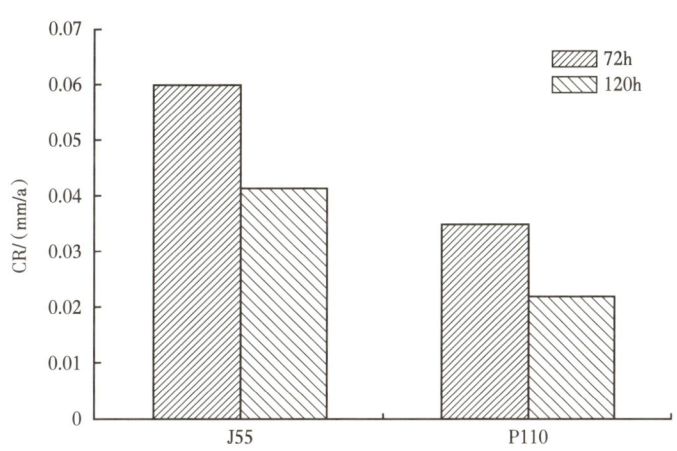

图6-2-7　J55与P110管材的腐蚀速率随实验周期的变化

图6-2-8为J55管材试样在NaCl环空保护液有缓蚀剂和无缓蚀剂条件下浸泡120h后的宏观形貌。试样酸洗前后未发现明显的局部腐蚀,腐蚀形态为均匀腐蚀。图6-2-9为添加缓蚀剂前后J55的腐蚀速率,由图可以看出:不添加缓蚀剂时J55在模拟工况条件下的腐蚀速率较高,为0.042 mm/a;添加5[#]缓蚀剂时J55的腐蚀速率与未添加缓蚀剂时大致相同;添加2[#]缓蚀剂与缓蚀剂YJH-2后,J55的腐蚀速率均有所降低,其中添加缓蚀剂YJH-2的降幅最大,缓蚀率最高,达71.4%。

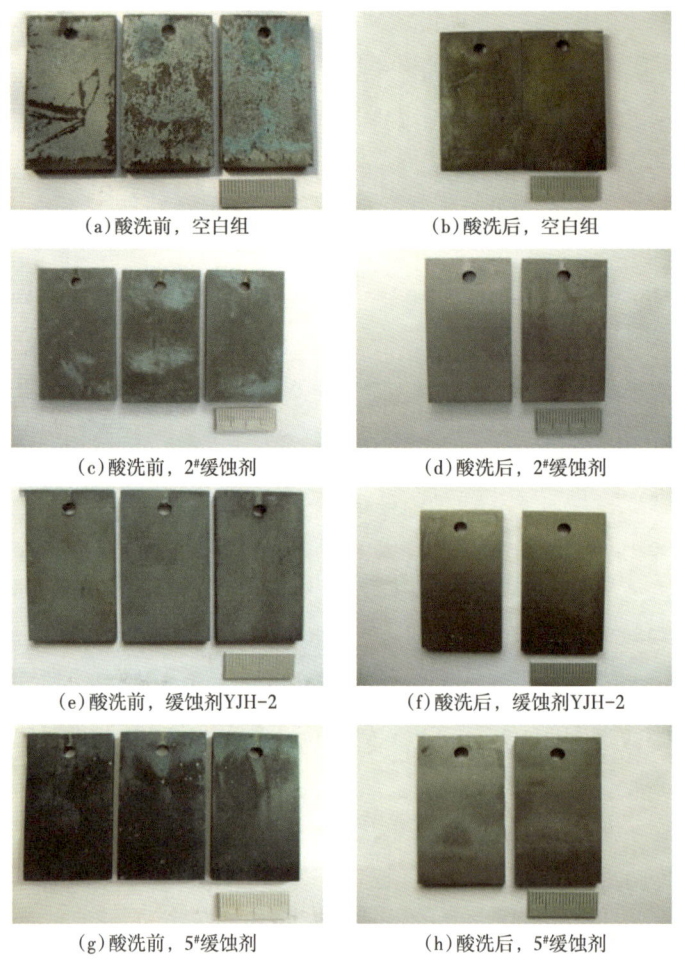

图 6-2-8 J55 在 4 种实验溶液中浸泡 120h 后的宏观形貌

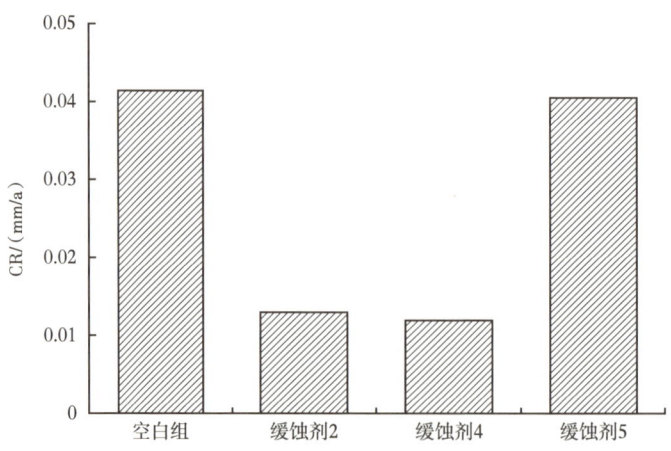

图 6-2-9 J55 在 4 种实验溶液中浸泡 120h 时的腐蚀速率

图 6-2-10 为 P110 管材试样在 NaCl 环空保护液有缓蚀剂和无缓蚀剂条件下浸泡 120h 后的宏观形貌。试样酸洗前后未发现局部腐蚀，腐蚀类型为均匀腐蚀。图 6-2-11 为添加缓蚀剂前后 P110 的腐蚀速率，由图可以看出：未添加缓蚀剂时 P110 管材的腐蚀速率为 0.022 mm/a；添加 5# 缓蚀剂时 P110 管材的腐蚀速率为 0.042 mm/a，远高于未添加缓蚀剂时的腐蚀速率；添加 2# 缓蚀剂与缓蚀剂 YJH-2 后，P110 的腐蚀速率均有所降低，分别为 0.017 mm/a、0.014 mm/a。其中，缓蚀剂 YJH-2 的腐蚀速率最小，缓蚀效果最显著，缓蚀率为 36.4%。

综合对比上述缓蚀剂的溶解性能及其对 J55 与 P110 管材的缓蚀性能，选用缓蚀剂 YJH-2 作为 NaCl 型环空保护液的缓蚀组分。

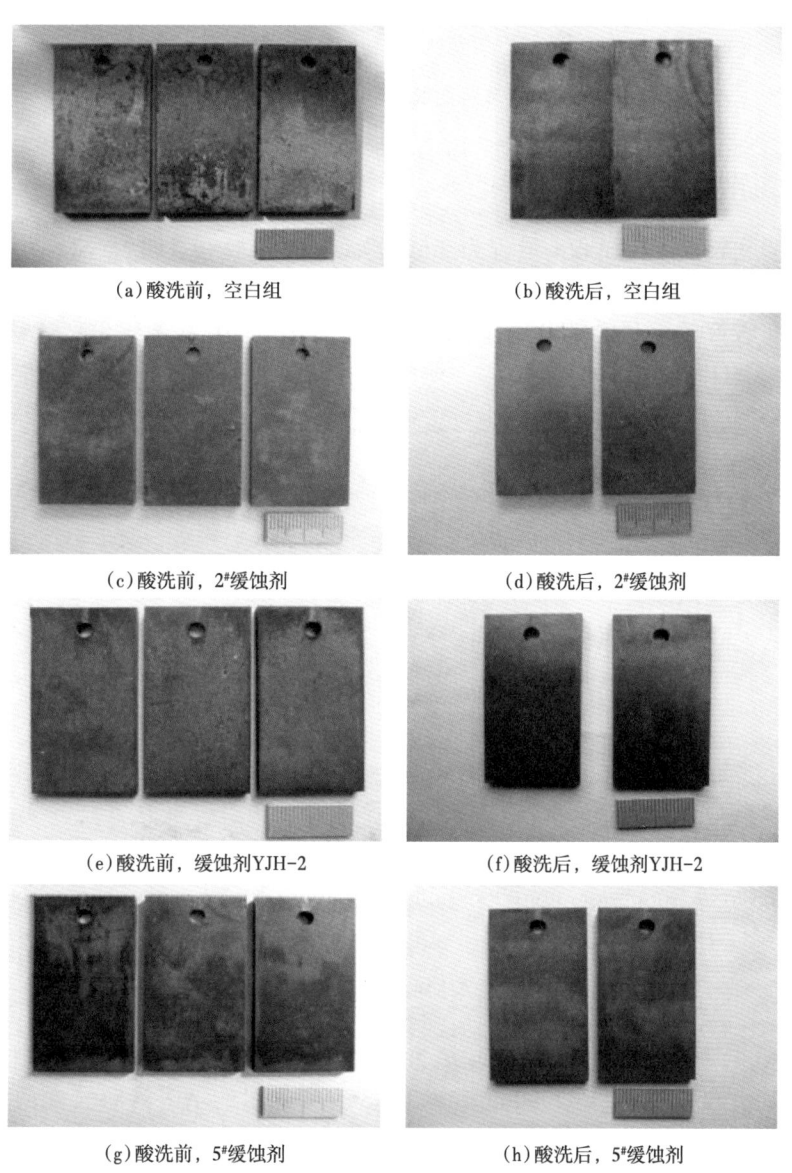

(a) 酸洗前，空白组　　　　　　　(b) 酸洗后，空白组

(c) 酸洗前，2#缓蚀剂　　　　　　(d) 酸洗后，2#缓蚀剂

(e) 酸洗前，缓蚀剂YJH-2　　　　(f) 酸洗后，缓蚀剂YJH-2

(g) 酸洗前，5#缓蚀剂　　　　　　(h) 酸洗后，5#缓蚀剂

图 6-2-10　P110 在 4 种实验溶液中浸泡 120h 后的宏观形貌

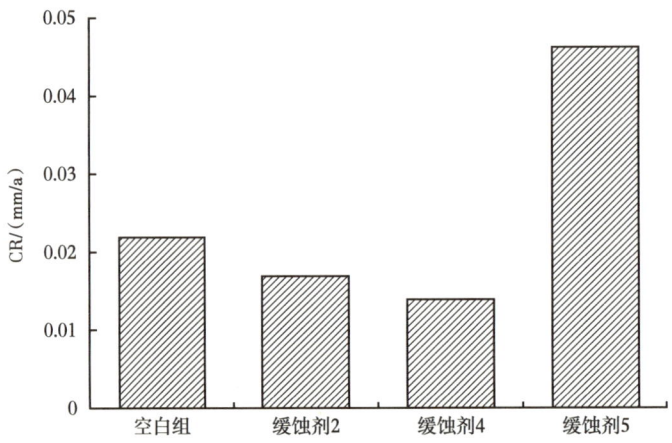

图 6-2-11 P110 在 4 种实验溶液中浸泡 120h 时的腐蚀速率

四、除氧剂优选

利用高精度氧浓度测试仪（量程为 2mg/L），测试纯水中添加 Na_2SO_3 后 O_2 含量，结果如图 6-2-12 所示。测试结果表明：添加 Na_2SO_3 后，水中的溶解氧快速下降，Na_2SO_3 在纯水中具有较好的除氧性能。由于 NaCl 型环空保护液中不含与 SO_3^{2-} 结垢的阳离子，因此可选用 Na_2SO_3 作为除氧剂。

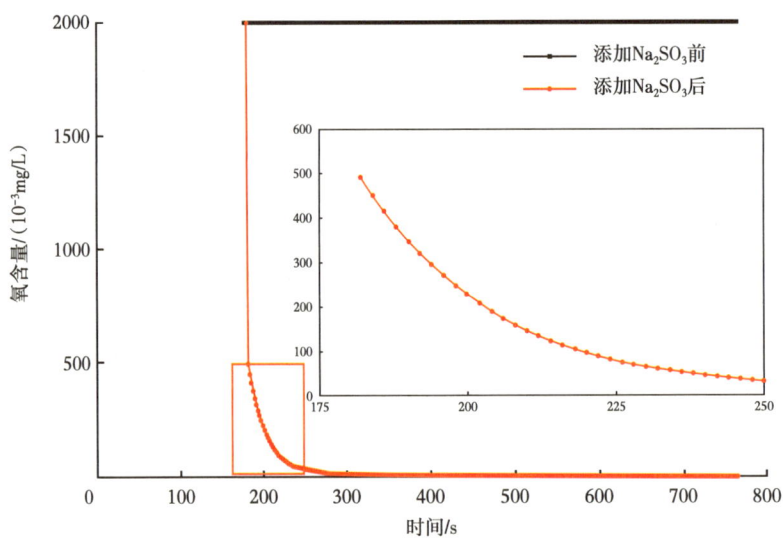

图 6-2-12 纯水中添加前后氧浓度随时间的变化规律

图 6-2-13 为不同添加量下 Na_2SO_3 在 NaCl 型环空保护液中除氧效果。由图可以看出：在溶解氧测试量程范围内（0~2000mg/L），Na_2SO_3 添加量的增多溶解氧含量下降得越快。当 Na_2SO_3 添加量为 504mg/L 时，溶液中溶解氧含量能够在 35S 内由 2000mg/L 迅速降至 0mg/L。除氧剂 Na_2SO_3 的添加量根据环空保护液的服役工况、工业 Na_2SO_3 的纯度及目标生产井的生产年限等因素综合确定。

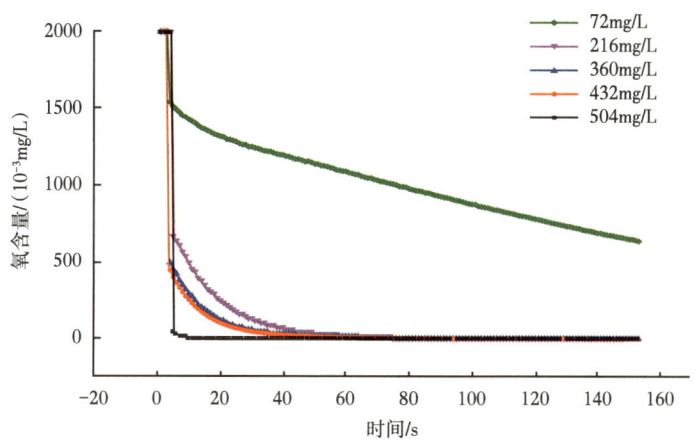

图 6-2-13　不同添加量下 Na_2SO_3 型环空保护液中除氧效果

五、pH 值调节剂与稳定剂优选

一般来说，为抑制腐蚀油气田所使用的无机盐型环空保护液多为中性或碱性，pH 值范围为 7~12。在调节 pH 值时，常使用 NaOH 作为 pH 值调节剂，Na_2CO_3、$NaHCO_3$、CH_3COONa 作为 pH 值稳定剂。

1. 采用 NaOH 作为 pH 值调节剂性能评价

图 6-2-14 反映了采用 NaOH 调节的环空保护液 pH 值与温度（井深）的变化关系。由于受温度的影响，H_2O 在不同温度下的离子积也不同，所得到的 pH 值也有所不同。图 6-2-15 为中性溶液在不同温度下的 pH 值变化情况。由图可以看出：无 CO_2 渗入时，pH 值为 9 的环空保护液随着温度的增加（即井深的增加），溶液 pH 值降低；当温度为 110℃ 时，pH 值为 6.87；当温度为 150℃ 时，pH 值为 6.22。而常温下 pH 值为 7 的溶液在温度为 110℃ 时降至 6.05。由此可知，随温度的升高，尽管溶液的 pH 值有所降低，但是仍呈碱性，高于相同温度下中性溶液的 pH 值。

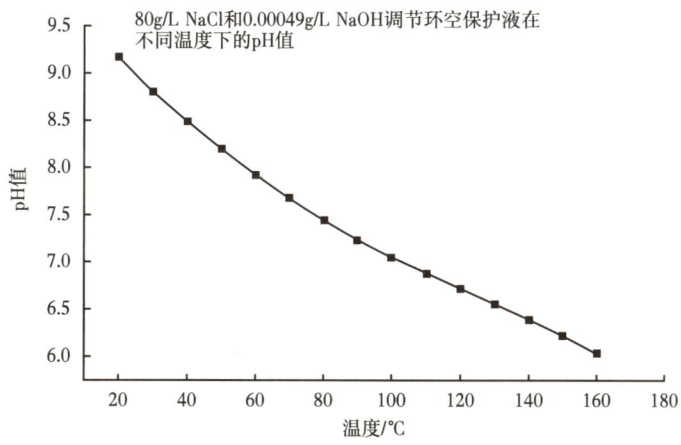

图 6-2-14　NaOH 调节的环空保护液 pH 值与温度（井深）的关系曲线

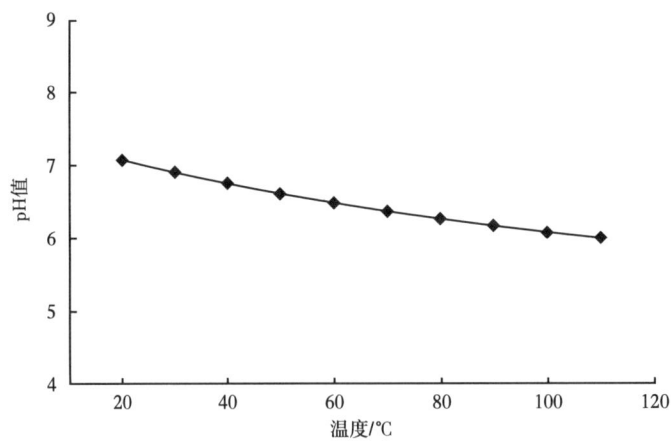

图 6-2-15　中性溶液的原位 pH 值随温度（井深）的变化曲线

在实际生产过程中，因油套管螺纹密封不严导致油管内部 CO_2 渗入油套环空空间会引起溶液 pH 值下降，加速腐蚀。而腐蚀的严重程度与溶液中 CO_2 的含量有关，CO_2 的含量则与温度、压力、水介质化学成分等因素有关。在全井深范围内，温度随着井深的增加而增加。图 6-2-16 反映了 CO_2 的饱和溶解量随温度（井深）的变化关系。随着温度的升高，溶液中 CO_2 的饱和溶解量先增加而后降低，当温度高于 130℃ 时，渗入的 CO_2 发生相变，由气态变为液态。

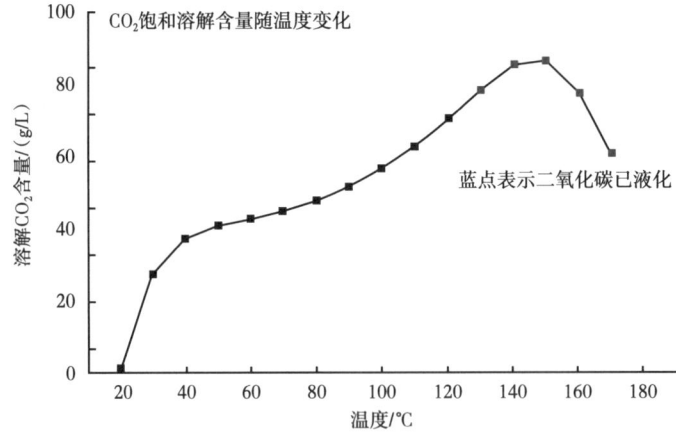

图 6-2-16　CO_2 饱和溶解含量随温度（井深）变化曲线

NaOH 是一种强碱化合物，可大幅度提升溶液 pH 值，但其 pH 值稳定性能较差，所能承受的 CO_2 能力有限。采用 NaOH 作为 pH 值调节剂进行环空保护液 pH 值调节时，一旦有 CO_2 渗入，环空保护液的 pH 值会急剧下降，如图 6-2-17 所示。当油套环空中无 CO_2 渗入时，pH 值呈碱性，油套管腐蚀环境较温和，腐蚀轻微；一旦溶液中有 CO_2 渗入，并达到饱和，溶液的 pH 值会快速下降。以 20℃ 为例，CO_2 渗入 pH 值为 9 的溶液，并达到饱和后其 pH 值会下降至 3.68，呈酸性。当温度高于 30℃ 时，溶液的 pH 值稳定在

3.0~3.2 之间，彻底呈酸性，不利于环空保护液缓蚀性能的发挥。因此，针对 CO_2 渗入的问题，需向环空保护液中添加适宜的 pH 值稳定剂以解决或延缓油套管腐蚀。

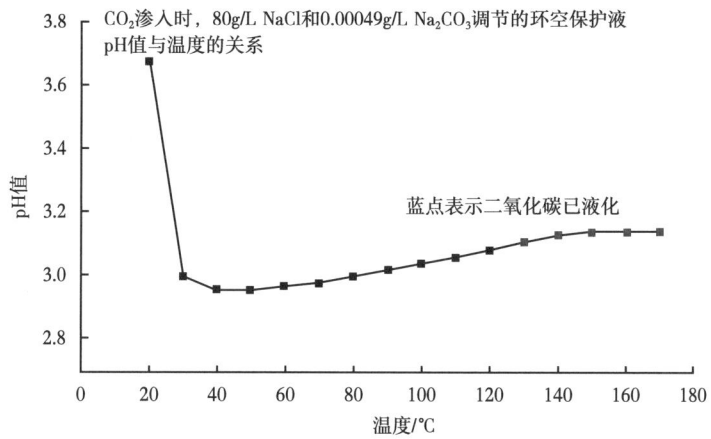

图 6-2-17　CO_2 渗入时 NaOH 所调节的环空保护液 pH 值与温度（井深）的关系曲线

2. 采用 Na_2CO_3 作为 pH 值稳定剂性能评价

首先选用 Na_2CO_3 作为 pH 值稳定剂开展了性能评价。图 6-2-18 为无 CO_2 渗入时 Na_2CO_3 所调节的环空保护液 pH 值与温度的关系曲线，随着温度的升高溶液的 pH 值开始逐渐下降，当温度为 110℃ 时，pH 值由 9 降至 6.85。尽管随温度的升高，溶液的 pH 值有所降低，但是仍呈碱性，高于相同温度下中性溶液的 pH 值（6.05）。

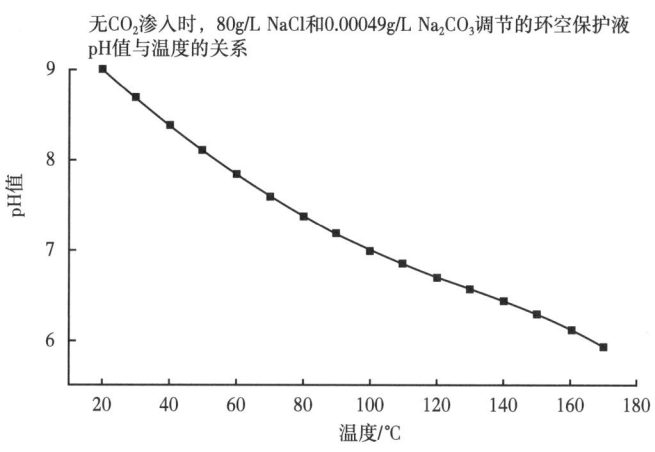

图 6-2-18　无 CO_2 渗入时 Na_2CO_3 调节的环空保护液 pH 值与温度（井深）的关系曲线

一旦溶液中有 CO_2 渗入，并达到饱和，溶液的 pH 值会快速下降。以 20℃ 为例，CO_2 渗入 pH 值为 9 的溶液，并达到饱和后其 pH 值会下降至 3.68，呈酸性。当温度为 40℃ 时，溶液的 pH 值最低，为 2.96；温度高于 40℃ 时，pH 值逐渐升高。因此，单纯以 Na_2CO_3 为 pH 值稳定剂进行环空保护液 pH 值调节时，一旦有 CO_2 渗入溶液的 pH 值会急剧下降，抑制腐蚀能力也有限，如图 6-2-19 所示。

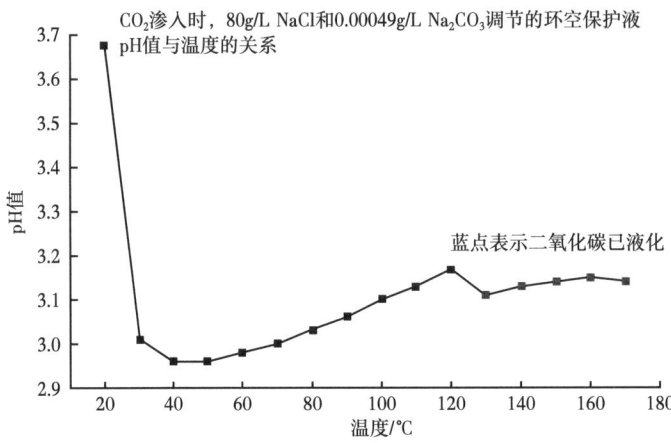

图 6-2-19　CO_2 渗入时 Na_2CO_3 调节的环空保护液 pH 值与温度（井深）的关系曲线

3. 采用 NaOH+NaHCO₃ 作为 pH 值稳定剂性能评价

$NaHCO_3$ 为弱碱盐，调节 pH 值的能力有限，无法将溶液 pH 值调节至 9，因此选用 $NaOH+NaHCO_3$ 的组合作为 pH 值稳定剂开展了性能评价。

图 6-2-20 为无 CO_2 渗入时 $NaOH+NaHCO_3$ 所调节的环空保护液 pH 值与温度的关系曲线，随着温度的升高溶液的 pH 值逐渐下降，当温度为 110℃ 时，pH 值由 9.10 降至 8.30；当温度为 150℃ 时，pH 值为 8.05。尽管随温度的升高，溶液的 pH 值有所降低，但是仍呈碱性。一旦溶液中有 CO_2 渗入，并达到饱和，溶液的 pH 值会快速下降，如图 6-2-21 所示。20℃ 时，CO_2 渗入 pH 值为 9 的溶液，并达到饱和后其 pH 值会下降至 6.47，呈弱酸性。当温度为 50℃ 时，溶液的 pH 值最低，为 4.73；温度高于 50℃ 时，pH 值逐渐升高。因此，$NaOH+NaHCO_3$ 的 pH 值稳定性能优于 NaOH 与 Na_2CO_3，即使有 CO_2 渗入，溶液的 pH 值下降也较为缓慢，且稳定在 5.0 左右。

4. 采用 Na₂CO₃+NaHCO₃ 作为 pH 值稳定剂性能评价

选用 $Na_2CO_3+NaHCO_3$ 组合作为 pH 值稳定剂同样开展性能评价。图 6-2-22 和图 6-2-23 为无 CO_2 渗入和有 CO_2 渗入时 $Na_2CO_3+NaHCO_3$ 所调节的环空保护液 pH 值与温度的关系曲线。

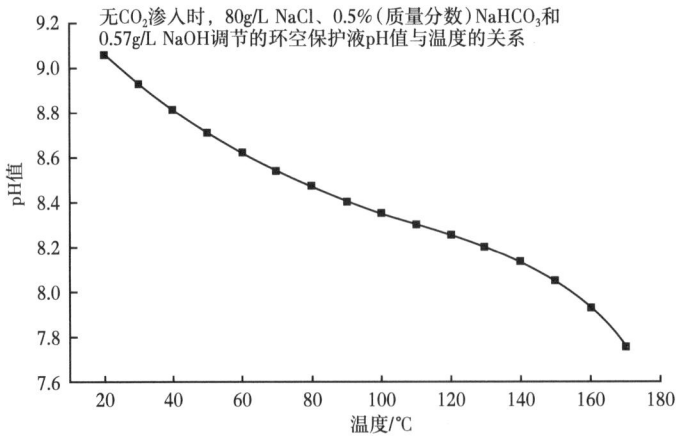

图 6-2-20　无 CO_2 渗入时 $NaOH+NaHCO_3$ 调节的环空保护液 pH 值与温度（井深）的关系曲线

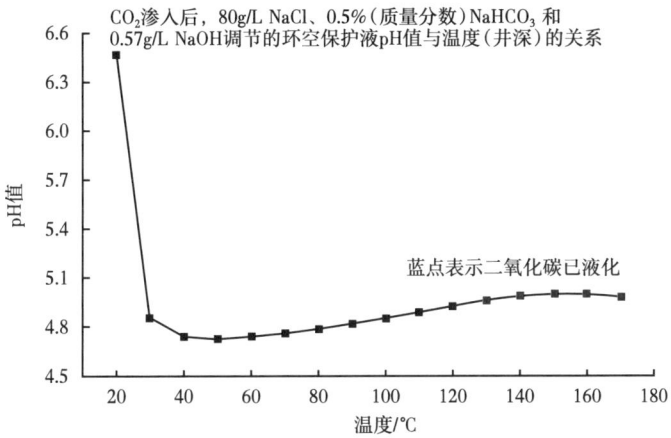

图 6-2-21　CO_2 渗入后 NaOH+$NaHCO_3$ 调节的环空保护液的 pH 值与温度（井深）的关系曲线

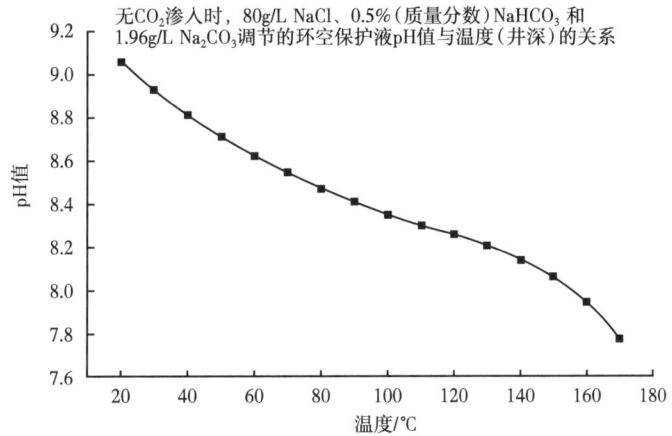

图 6-2-22　无 CO_2 渗入时 Na_2CO_3 +$NaHCO_3$ 调节的环空保护液 pH 值与温度（井深）的关系曲线

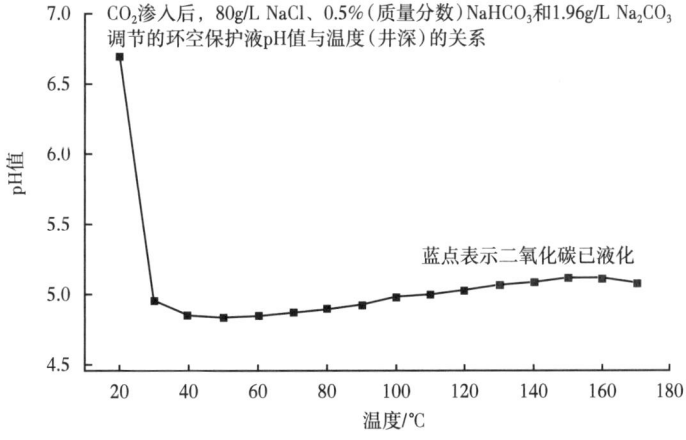

图 6-2-23　CO_2 渗入后 Na_2CO_3 +$NaHCO_3$ 调节的环空保护液 pH 值与温度（井深）的关系曲线

由图可以看出：(1) 随着温度的升高溶液的 pH 值逐渐下降，当温度为 110℃ 时，pH 值为 8.30；当温度为 150℃ 时，pH 值为 8.06，溶液呈中性，因此当无 CO_2 渗入时，其溶液 pH 值随温度的变化趋势与 $NaOH+NaHCO_3$ 所调节的溶液大致相同。(2) 当溶液中有 CO_2 渗入且达到饱和时，溶液的 pH 值会快速下降；20℃ 时，CO_2 渗入 pH 值为 9 的溶液，并达到饱和后其 pH 值会下降至 6.72；当温度为 50℃ 时，溶液的 pH 值最低，为 4.84；温度高于 50℃ 时，pH 值逐渐升高。

5. pH 值稳定剂优选

综合对比了 NaOH、Na_2CO_3、$NaOH+NaHCO_3$、$Na_2CO_3+NaHCO_3$ 4 种 pH 值稳定剂在有 CO_2 渗入和无 CO_2 渗入时对环空保护液 pH 值性能调节随温度的变化关系，如图 6-2-24 和图 6-2-25 所示。当无 CO_2 渗入时，$NaOH+NaHCO_3$ 与 $Na_2CO_3+NaHCO_3$ 作为 pH 值稳定剂时效果比较好；当有 CO_2 渗入时同等条件下 $Na_2CO_3+NaHCO_3$ 调节的环空保护液 pH 值相对较高，pH 值稳定效果相对更优。因此，本环空保护液配方选用 $Na_2CO_3+NaHCO_3$ 作为环空保护液的 pH 值稳定剂。

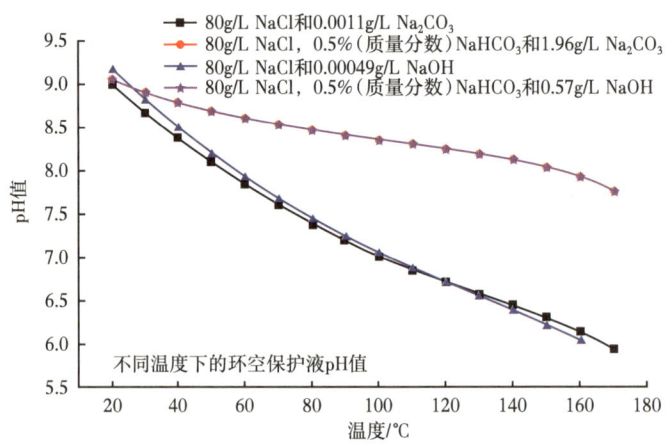

图 6-2-24 无 CO_2 渗入时不同 pH 值稳定剂所调节的环空保护液 pH 值与温度（井深）的关系曲线

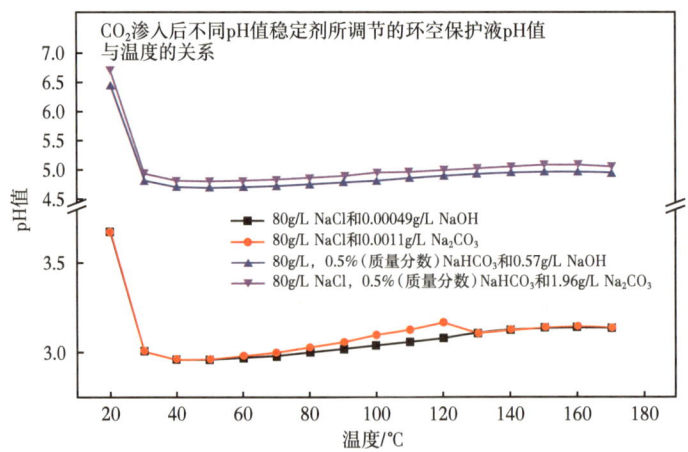

图 6-2-25 CO_2 渗入后不同 pH 值稳定剂所调节的环空保护液 pH 值与温度（井深）的关系曲线

选定 Na_2CO_3+$NaHCO_3$ 作为环空保护液的 pH 值稳定剂后,进一步分析了其添加量对 pH 值稳定效果的影响。图 6-2-26 和图 6-2-27 分别为有无 CO_2 渗入时 Na_2CO_3+$NaHCO_3$ 在不同添加量下的溶液 pH 值随温度的变化。当无 CO_2 渗入时各添加量下的 pH 值稳定效果相差不大;但是一旦 CO_2 渗入,同等条件下 Na_2CO_3 与 $NaHCO_3$ 添加量越多,pH 值稳定效果越好。

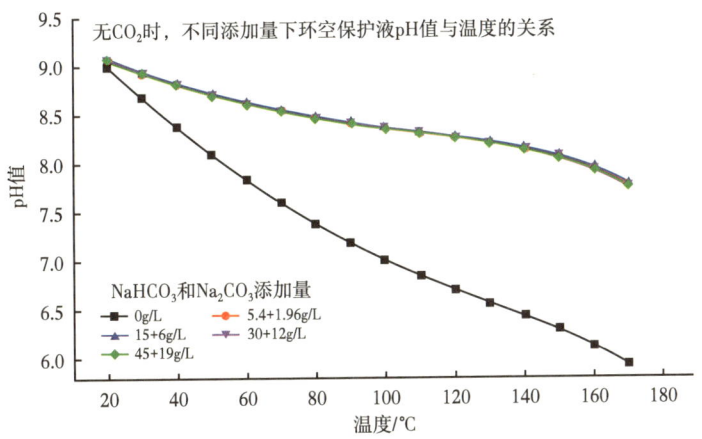

图 6-2-26　无 CO_2 时不同添加量下环空保护液 pH 值与温度(井深)的关系曲线

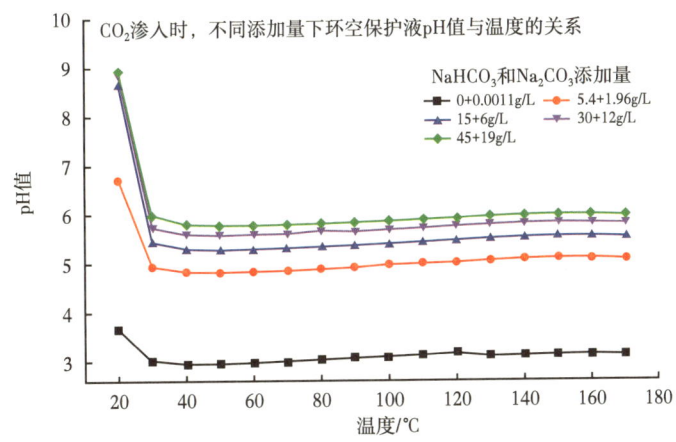

图 6-2-27　CO_2 渗入时不同添加量下环空保护液 pH 值与温度(井深)的关系曲线

利用 OLY 模拟软件计算不同质量的 pH 值稳定剂后对溶液 pH 值的缓冲能力,结果如同图 6-2-28 所示。考虑到 pH 值对腐蚀的影响以及 pH 值稳定剂的添加对环空保护液密度的影响,选取 Na_2CO_3/$NaHCO_3$ 的组合比例为 40:1 作为环空保护液的 pH 值稳定剂。随着 pH 值稳定剂添加量的增加,CO_2 饱和后溶液的 pH 值越大。当 Na_2CO_3 与 $NaHCO_3$ 添加量分别为 16 g/L、0.4 g/L 时,20℃ 下 pH 值为 7.2,40~120℃ 下 pH 值均高于 6.5。

基于上述阻垢剂、杀菌剂、缓蚀剂、除氧剂、pH 值调节剂与稳定剂等的筛选与评价结果,形成了密度为 1.05 g/cm³ 的 NaCl 型环空"自修复"保护液配方为:水 + M_1% NaCl + M_2% 阻垢剂 + M_3% 杀菌剂 + M_4% 缓蚀剂 + M_5% $NaHCO_3$ + M_6% Na_2CO_3 + M_7% Na_2SO_3。

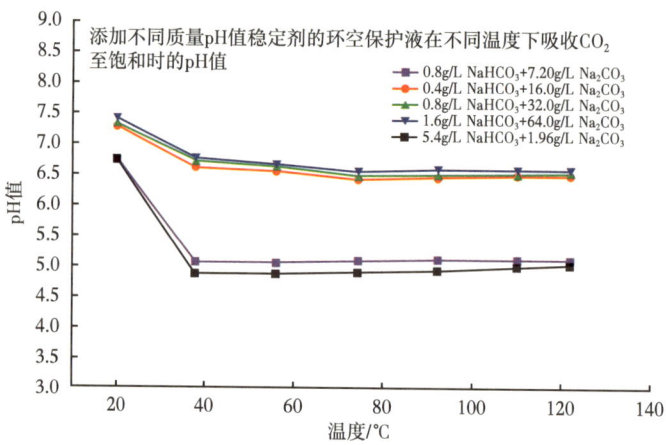

图 6-2-28　添加不同质量 pH 值稳定剂的环空保护液在不同温度下吸收 CO_2 至饱和时的 pH 值

第三节　"自修复"环空保护液性能评价

"自修复"环空保护液，通过优化设计 pH 值调节剂类型与配比，可以确保 CO_2 渗入油套环空时，pH 值调节体系可抑制"自修复"环空保护液中 H^+ 电离，避免 pH 值下降，使环空保护液 pH 值保持在碱性或中性范围，性能维持不变，油套管腐蚀速率均小于 0.076mm/a，可对油套管起到良好的保护效果。

一、"自修复"环空保护液腐蚀防护效果评价

选用 N80、P110、L80-1、C90、3Cr 5 种不同管材，参照 ASTM G73-2010，ISO 11845—1995 和 JB/T 7901—1999 标准，评价了不同环空保护液对 5 种不同材质的保护效果。在高温高压反应釜中模拟实验材料在实际工况环境下的腐蚀行为，实验测试与评价结果如图 6-3-1 至图 6-3-8 所示。

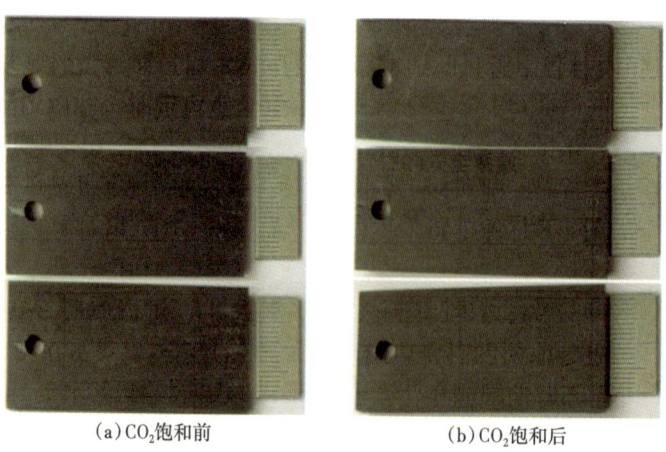

图 6-3-1　N80 在 CO_2 饱和前后的"自修复"环空保护液中浸泡 120h 的宏观形貌

第六章 "自修复"环空保护液

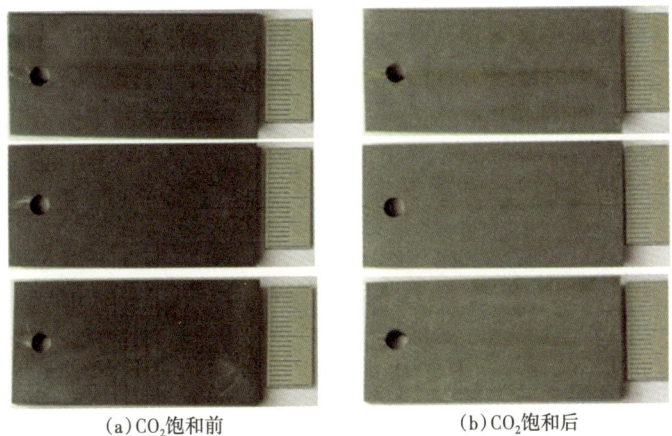

(a) CO_2 饱和前　　　　　　　　(b) CO_2 饱和后

图 6-3-2　P110 在 CO_2 饱和前后的"自修复"环空保护液中浸泡 120h 的宏观形貌

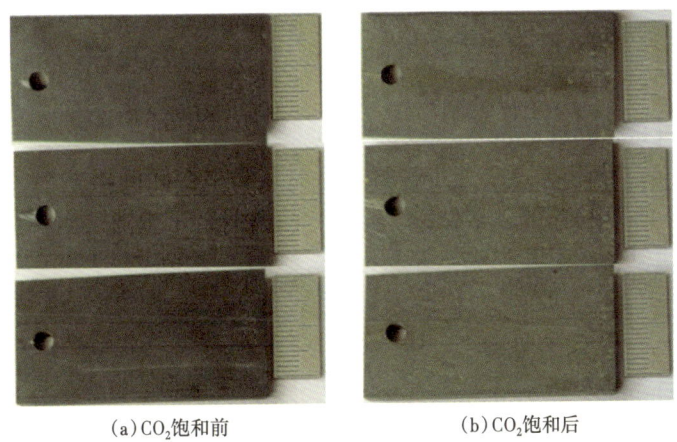

(a) CO_2 饱和前　　　　　　　　(b) CO_2 饱和后

图 6-3-3　L80-1 在 CO_2 饱和前后的"自修复"环空保护液中浸泡 120h 的宏观形貌

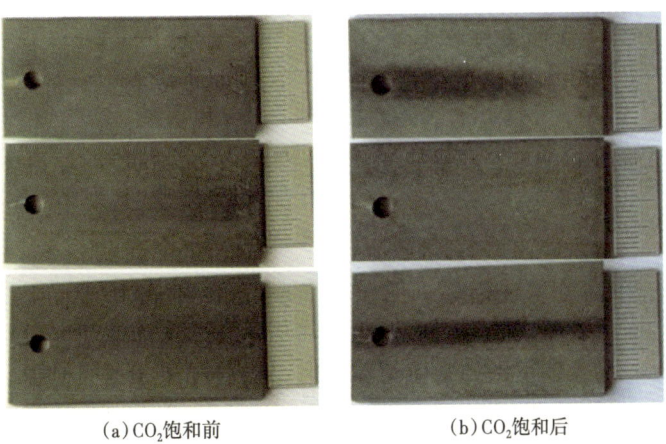

(a) CO_2 饱和前　　　　　　　　(b) CO_2 饱和后

图 6-3-4　C90 在 CO_2 饱和前后的"自修复"环空保护液中浸泡 120h 的宏观形貌

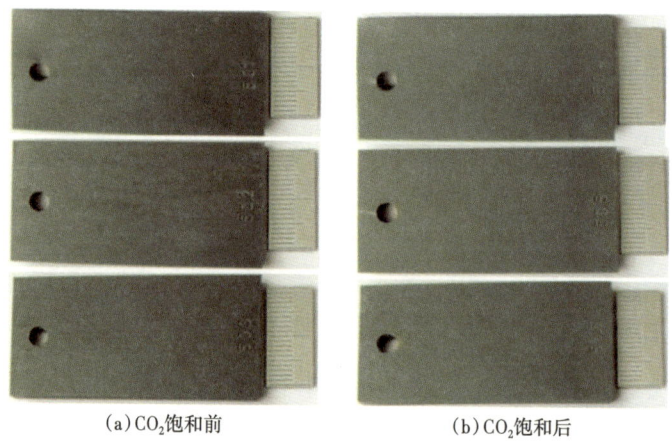

(a) CO_2 饱和前　　　　　　　　(b) CO_2 饱和后

图 6-3-5　3Cr 在 CO_2 饱和前后的"自修复"环空保护液中浸泡 120h 的宏观形貌

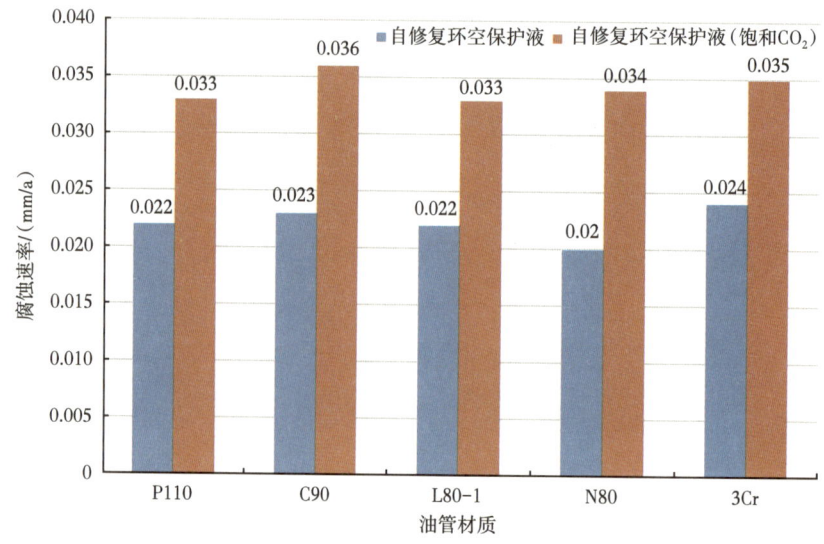

图 6-3-6　5 种管材在 CO_2 饱和前后的"自修复"环空保护液中浸泡 120h 的腐蚀速率

图 6-3-1 至图 6-3-6 为五种管材在 CO_2 饱和前后的"自修复"型环空保护液中浸泡 120h 后的宏观腐蚀形貌。在无 CO_2 渗入时，五种管材在"自修复"环空保护液中的腐蚀类型为全面腐蚀，均匀腐蚀速率均小于 0.024mm/a；而当有 CO_2 渗入时，假设"自修复"型环空保护液吸收 CO_2 至饱和，5 种管材在"自修复"型的环空保护液中浸泡 120h 后的腐蚀形态为全面腐蚀，均匀腐蚀速率均在 0.030~0.040mm/a 之间。

通过增加"自修复"环空保护液中缓蚀剂的添加量，可降低 CO_2 渗入后"自修复"环空保护液对油套环空管材的腐蚀。图 6-3-7 为 5 种管材在 CO_2 饱和后的、且含有不同缓蚀剂添加量的环空保护液中浸泡 192h 后的腐蚀形貌。五种管材在 CO_2 饱和的"自修复"环空保护液中浸泡 192h 后表面形成一层黑色的腐蚀产物，未发现明显的局部腐蚀形貌，主要发生全面腐蚀。清除腐蚀产物后，称重，计算腐蚀速率，如图 6-3-8 所示，当缓蚀剂浓度增加至 4000mg/L 时，其腐蚀速率会进一步下降，均小于 0.019mm/a。

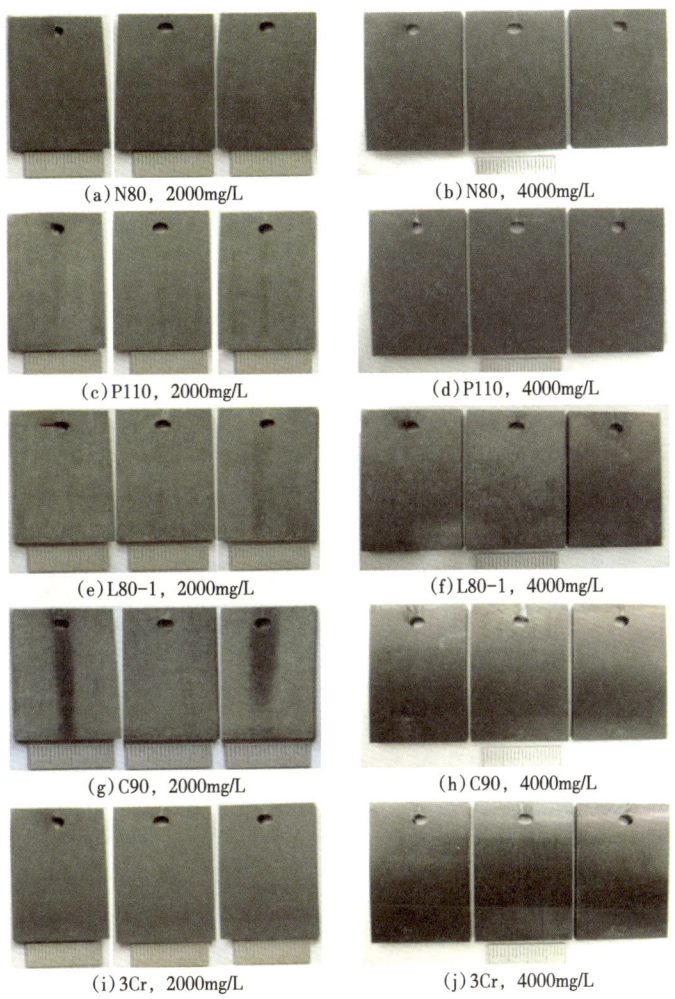

图 6-3-7 在 CO_2 饱和的且含有不同缓蚀剂的环空保护液中浸泡 192h 的宏观形貌

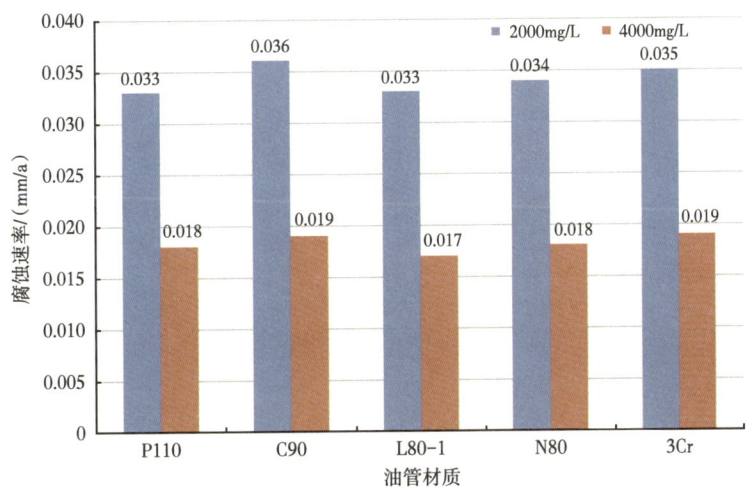

图 6-3-8 5 种管材在含有不同缓蚀剂的饱和 CO_2 环空保护液中浸泡 192h 的腐蚀速率

二、"自修复"环空保护液高温稳定性评价

室内实验评价了低密度"自修复"型环空保护液在140℃下的高温稳定性,结果如图6-3-9所示,相应物理性质见表6-3-1。低密度"自修复"型环空保护液在140℃的高温下静置48h后外观无明显变化,其水浊度略有下降。由此可知,所设计的低密度"自修复"型环空保护液在140℃下具有良好的高温稳定性。

表 6-3-1 低密度"自修复"型环空保护液在140℃下的静置48h后的物理性质

溶液状态	密度 / (g/cm³)	pH 值	水浊度 /NUT	液体状态
实验前(过滤后)	1.05	9	71	无色透明液体,无沉淀、无悬浮物
实验后	1.05	9	59	无色透明液体,无明显悬浮物与沉淀物

图 6-3-9 低密度"自修复"型环空保护液在140℃下的静置48h后的外观

第四节 "自修复"环空保护液现场应用

"自修复"环空保护液在大港储气库成功现场应用4井次,效果良好。与在用保护液相比,管柱腐蚀速率降低60%以上,每吨保护液成本降低约50%,每口井每年可节约费用14.1万元。本节以华M井为例,简要介绍"自修复"环空保护液现场配置及应用情况及相关要求。

一、华M井基本情况

华M井完钻井深2200m,生产套管采用N80钢级ϕ177.8mm套管,下深2195.565m,阻流环深2173.724m,人工井底深度2171m,储层深度1998.6~2121.4m,垂深约1925m。完井管柱封隔器卡点深度1924.947m,安全接头下深1924.431m,循环滑套下深1911.823m,具体井身结构及完井管柱下深如图6-4-1所示。

二、华M井"自修复"环空保护液现场配置及要求

1. "自修复"环空保护液现场配置

现场配置时,在华M井理论环空保护液需要量基础上,考虑10%的富余量进行配液。根据配液量需求及"自修复"环空保护液配方,计算各种原料的用量,并按照要求采购质量合理的配置药剂。各原料用量见表6-4-1,配置"自修复"环空保护液35m³。

第六章 "自修复"环空保护液

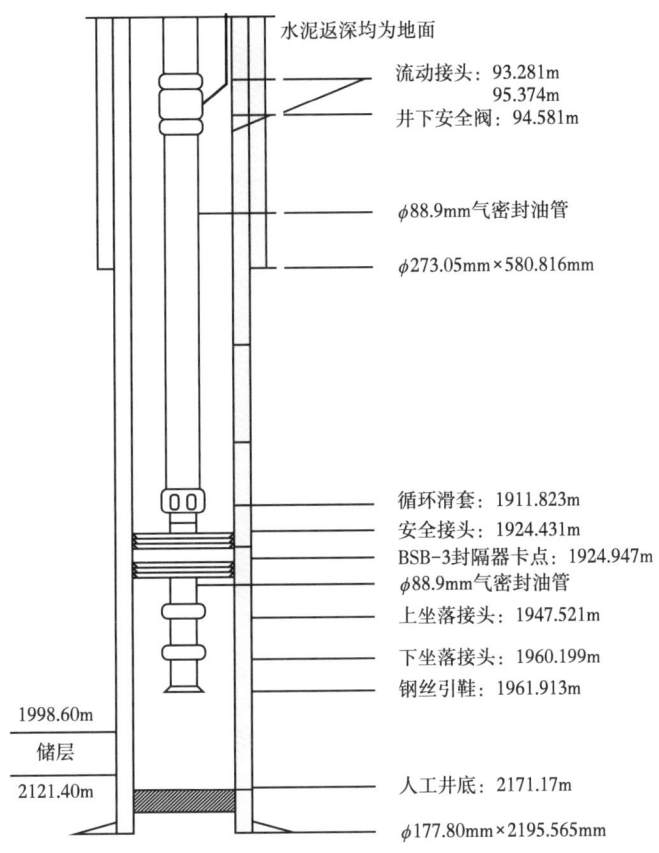

图 6-4-1 华 M 井井身结构及完井管柱示意图

表 6-4-1 相对密度 1.01、pH 值 10 "自修复"保护液原料用量统计表

NaCl	$NaHCO_3$	Na_2CO_3	Na_2SO_3	阻垢剂	杀菌剂	缓蚀剂	水
350kg	70kg	210kg	35kg	0.7kg	45.5kg	140kg	34.72m³

2. "自修复"环空保护液现场配置相关要求

（1）配制"自修复"环空保护液时，按照表 6-4-1 中给出的各组分添加量，分三批次配制：

①首先按比例取一定量的自来水，加入配液池，若配液池容积不满足要求，则分批配制；

②随后按比例向自来水中添加 NaCl、$NaHCO_3$、Na_2CO_3，建议依次添加 NaCl、$NaHCO_3$、Na_2CO_3，避免一次性添加过多不利于现场搅拌，导致溶解缓慢；

③最后依次添加杀菌剂、缓蚀剂、阻垢剂，搅拌均匀，静置 12 h 后，过滤清除杂质等未完全溶解物。过滤后泵入罐车，运送至现场待命。

（2）"自修复"环空保护液性能要求

按照规定和要求现场配置完"自修复"环空保护液后，需进行现场性能检测，自修复环空保护液的缓蚀率、pH 值等指标需满足现场要求。

华 M 井对"自修复"环空环空保护液的性能要求见表 6-4-2。

表 6-4-2 环空保护液性能要求

序号	项目	数据
1	密度（20℃）/（g/cm³）	≤ 1.05
2	pH 值	≥ 9
3	腐蚀速率 /（mm/a）	≤ 0.025

（3）现场配置"自修复"环空保护液时其他要求如下：

①在现场加注环空保护液前，应提前 20 min 按比例将除氧剂 Na_2SO_3 添加至罐车内，经人工搅拌后，由泵车注入油套环空内，搅拌时间建议不少于 10 min。

②环空保护液配制必须使用合格原材料。

③环空保护液配制应该在相关技术专家指导下，在配液站配制；配制完成后通过性能检测合格后，方可拉运至现场使用。

④环空保护液运输由施工单位负责。车辆要求清洁、干净，不能混入其他无关或有害物质。

⑤现场环空保护液储液罐要求清洁无污物，不得与压井液罐混用。

⑥保证泵送管线干净无杂物。

⑦环空保护液顶替结束后，供应商对井中环空保护液取样化验，保证性质参数与配置时相同。

三、华 M 井"自修复"环空保护液现场应用及效果

1. 现场应用

华 M 井于 2018 年 9 月 9 日 12：00—18：00 现场配液备水备料准备，18：00—21：00 现场配液 35m³（图 6-4-2），9 月 10 日 07：00—09：30 运输至注采井现场，17：23—18：36 采用泵车现场泵注、顶替环空保护液（图 6-4-3），泵速平均 8L/s 左右，实际用液 30m³ 左右。

图 6-4-2 "自修复"环空保护液现场配液

图 6-4-3 华 M 井"自修复"环空保护液现场泵注作业

2. 预期经济效益

与现场在用环空保护液相比,"自修复"环空保护液的单井成本降低 50% 以上,以每口井用 35 m^3 计算,单井节约成本 5.95 万元。根据现场数据测算,储气库注采井平均修井周期是 8 年,平均每年修井费用为 37.5 万元,使用"自修复"环空保护液后,修井周期可延长 60%,即由 8 年延长至 12.8 年,每口井平均每年可节约修井费用 14.1 万元,降低 37.6%。如果该技术在该储气库注采井扩大应用规模,每年预期可节约 1128 万元。

第七章　储气库井筒监测技术

保障安全平稳供气及调峰需求是天然气地下储气库的作用之一，因此储气库的安全运行备受关注。据英国地质勘查局统计，2009 年全世界发生的储气库安全事故有 100 多起，其中有超过 60 起事故与储气库井井筒完整性相关。为保证储气库的安全注采运行，必须持续监测注采井筒的生产动态（张强，2012；皮艳慧 2013；何轶果，2014；李蓉，2015；陈家晓，2015）。目前储气库通过明确监测项目、优选监测方法、科学处理环空异常带压等，不断完善监测技术体系，及时掌握井筒的生产和安全状况，对出现的问题尽快提出解决方案，提高注采效率，保障安全生产。

第一节　监测项目

一、井屏障组件监测项目及要求

1. 井口装置与采气树

监测井口装置和采气树各组件、闸阀、连接及仪表的泄漏、腐蚀、损坏及其他不安全状况。监测的具体要求包括：采气树每日巡检，采气树阀门每年保养；节流阀每年一次拆检维护；固定和移动式可燃气体监测仪和毛细管压力监测系统每年标定；套管头埋入地下的情况，每 3~5 年对套管头进行检查，并做防腐处理，等等。

目前井口装置和采气树监测做法基本满足需求，按相关规定做好日常巡检和保养工作。

2. 井下安全阀和地面控制系统

监测井下安全阀和地面控制系统的性能状况。监测的具体要求包括：每年 2 次对地面控制系统和紧急切断阀进行功能测试；每年 1 次在注采转换期对阀门进行泄漏测试；对测试不合格的阀门予以修理或更换；每年按 10%~20% 比例抽检熔断塞的熔断功能；生产时中央控制室实时监测安全阀控制管线的压力，等等。

对井下安全阀及地面控制系统的压力监测已经实现自动化。最早建库的大港储气库，不断优化其控制系统，大港建库初期采用多井集中的气井安全阀控制系统，运行中发现集中控制系统回路复杂，液压系统故障率高，维修、保养难度大；井间相互影响，一井故障，可能全井组关井。在后续新井上均采用独立的单井控制系统，并逐步更换替代了集中控制系统，降低了设备风险。

3. 油管套管

监测油管柱、套管柱及井下工具的泄漏、损坏、腐蚀及变形等情况。监测的具体要求包括：控制流量低于临界冲蚀流量，如果流量大于临界冲蚀流量或发现有油管腐蚀或冲蚀等情况，应定期监测油管壁厚；新建注采井投产后 10 年内，检测油管、套管腐蚀情况，并根据检测结果确定后续检测时间，等等。

油管柱完整性主要是通过环空压力来监测。对套管柱的完整性，大港储气库应用俄罗斯电磁探伤技术对全部注采井进行了普查式检测，呼图壁储气库用微地震技术监测套管损坏；对于起油管作业的井，有些井会做套管内壁腐蚀或损坏情况检测。

4. 水泥环

监测水泥环的胶结及渗漏情况。要求新建注采井投产 10 年内进行套管外水泥环胶结质量检测，并根据检测结果进行注采井安全评价。

由于对水泥环损坏的评价较为复杂，各库在建库前对老井利用井进行了固井质量再评估。呼图壁储气库利用微地震监测运行中注采井水泥环的损坏情况。

二、生产参数监测项目及要求

1. 注采气量

注气量、采气量都是必须计量的。目前井场计量常用计量分离器计量和单井计量。这两种计量通常要求：计量分离器每次连续计量时间不低于 4h，特殊情况计量时间不低于 1h，改变工作制度的注采井 24h 内进行计量，投运井网每次计量周期不应超过 3 天；单井流量计实时计量时，每 6~12h 记录一次产量，改变工作制度前后记录产量变化；单井流量计实时计量值与计量分离器计量值、单井计量总值与外输计量值差异均控制在 3% 以内，误差大于 3% 时 5 天内进行仪表校验。

2. 压力和温度

压力监测项目包括静压、流压、压力梯度、井口油压以及环空压力；温度监测项目包括静温、流温、温度梯度、井口温度。具体要求包括：注采井的静压静温及梯度、流压流温及梯度，在建库不同时期按不同频次及比例进行测试；注采井的油压、A 环空压力、B 环空压力和井口温度，每天记录；监测井、封堵井按规定频率采集压力数据。

各储气库根据具体情况对各环空进行压力监测，每年按计划对流压流温及梯度进行的监测。

3. 产出流体组分

通过常规取样、化验得到天然气、产出油和产出水的理化性质。具体测试要求包括：采出气实时在线分析组分；采气期内按比例选井进行产出油和产出水的常规理化分析；环空压力泄放时环空产出流体的理化分析等。

采出气水的常规监测化验各库都按计划进行；环空压力泄放时的流体取样，各库根据具体情况进行。

4. 出砂

监测产层出砂情况及出砂趋势。要求在修井作业、地面检修、油水化验时监测、记录出砂情况；要保证注采气量低于临界出砂流量。

各库在地面检修、油水化验时观察出砂、记录情况；在油藏工程设计和注采工程设计阶段计算临界出砂压差，在制定注采气工作制度确定注采气量低于临界出砂流量。

第二节　储气库注采井监测技术

一、压力和温度监测

1. 毛细管压力监测系统

毛细管测压系统自 1994 年从美国引入，在大港油田、塔里木油田、长庆油田等都有成功应用。大港储气库群的 6 座储气库，在建设初期安装了毛细管永久压力监测系统。

（1）技术原理。

①结构组成。毛细管测压系统分为井下和地面两部分。井下部分包括井口穿越器、封隔器穿越器、毛细钢管、传压筒。毛细管地面部分由氮气源、氮气增压泵、空气压缩机、安全吹扫系统、压力变送器、计算机、数据采集控制系统组成。

②工作原理。毛细管测压装置是把传压筒下到井下，井下测压点处的压力作用在传压筒内的气柱上，气体将压力传递至井口，压力变送器测得地面一端毛细管内的氮气压力，将信号传送到数据采集器，数据采集器将压力数据记录下来，数据由计算机处理，根据测压深度和井筒温度完成由井口氮气压力向井下测点压力的计算。

③测试工艺。井下传压筒连接在油管上，下至预定深度，毛细钢管捆附在油管外侧与油管一起下井。地面设备安装于远离井口的位置，连接氮气瓶、氮气压缩机、数据采集控制系统，用专用通讯线将计算机和数据采集器连接。毛细管测压系统安装成功后，可以根据需要随时启动地面采集系统进行测压，地面直读井下压力数据，实时记录和存储井下压力数据，可"长期、连续、直读"测取压力。

（2）技术指标。

测压范围 0~103MPa，分辨率 0.001MPa，最小数据采集间隔 1s，适用井温小于 300℃。

（3）优缺点。

优点：提供直接和精确的压力数据，及时获得压力资料；不停产连续监测压力，不影响生产。

缺点：只能测取压力数据，不能同时测量温度数据。毛细管吹扫如果不及时，毛细管内氮气不充足时，井内流体通过传压筒进入毛细管，影响测试结果的准确性。

（4）应用情况

大港储气库群 6 座运行储气库和江苏刘庄储气库都安装了毛细管测压系统。

2. 电子压力温度计

电子压力温度计是压力温度测试中使用的主要设备，因其操作方便，精度灵敏度较高而获得普遍应用。目前常用的石英压力计，按其数据获取方式分存储式、直读式及存储直读两用式。

（1）工作原理。

电子压力计的核心部件是压力传感器和温度传感器，由于压力计的井下工作环境恶劣多变，因此感应元件的需要选用符合深层井下作业的耐高温、高压的特殊材料以确保电子压力计的精确度和可靠性，根据压力传感器和温度传感器的应变电桥原理，压力计的振荡电路在井下压力和温度的共同影响作用下，将被测位置的压力值、温度值转化为电路系统识别电阻值及电压值,并由振荡电路整频转换为计算机能够识别的电流频率值信号,再经软件校正处理,折算成井下压力和温度数据。

(2)技术指标。

正常工作状态下压力计允许的精确度误差为±4psi,允许的迟滞性测量误差为±2psi,分辨率为0.02psi。

(3)优缺点。

优点:高灵敏度、高精确度、高可靠性、使用方便。

缺点:电子压力计的核心传感器、微处理器和存储器等电子元件及电路会在剧烈震动情况下导致压力计失效;数据接口软件的不成熟、电路电池能量不足会导致采集的压力温度数据与测试时间不对应,发生测量数据紊乱。

(4)应用情况。

电子压力计普遍用于储气库井。例如,大港储气库电子压力计型号有DDI-C和CT系列,基本满足测试需要。

3. 永久式电缆压力温度监测系统

(1)工作原理。

永久式压力温度监测系统主要由井下和地面两部分组成。井下部分由电子压力计、特殊电缆、电缆保护器组成。井下部分随生产管柱一起下入生产井中,通过压力计中高精度的传感器感应井下的压力和温度,并将经过处理的压力、温度信号经电缆传送到地面。地面部分主要包括井口密封器和数据采集系统。只要不起出生产管柱,整套系统可以长期连续工作。

(2)测试工艺。

①设备的安装。将仪器预置于管柱外侧,随管柱下入套管中,采用电缆与地面通讯的工作方式。将传感器置于井下,电路部分放置于地面,通过光纤或电缆进行信号传输,经地面解算处理得出探测位置的压力和温度数据。

②数据采集。数据采集系统包括一个地面接口箱和计算机系统。井下数据信号首先到达地面接口箱,经过放大、整形、解码和计算后,实时显示,并可通过接口送往计算机,通过专用的采集软件,实现参数设置,信号转换、显示、绘图、分析、存储、打印及远方传送。

(3)应用情况。

华北苏4储气库、西南相国寺储气库的监测井中部分安装了永久式井下压力温度监测系统。通过与电子压力计所测数据对比,永久压力温度监测系统运行良好。

4. 光纤压力温度监测系统

井下光纤传感系统技术,是通过永久安装在油气井中的光纤传感系统实时得到井下的压力和温度数据。

(1)传感原理。

井口激光器发出激光,激光通过光纤到达井下的传感器,传感器把温度压力信息调制在反射光谱上,井口的探测器接收反射光谱,通过对干涉光谱的分析得到温度和压力的数值。

(2)光纤传感器的优点。

光纤传感器具有常规电子设备无法比拟的优越性,主要包括:

①以光作为传输信号,基本不受电磁场的干扰,长期漂移小,可用作长期可靠的连续

在线监测，减少了因传统测量仪器故障检测、停井测试等引起的作业时间。

②光纤传感器通过铠装特殊材料等工艺处理以后，可以应用到极高温度环境，在井下不需要电子设备，克服了电子仪器在高温高压状态不能正常工作的缺点。

③以光波波长作为长度测量单位，长度测量精度可接近纳米数量级，从而使诸如温度、压力、应变等大批基于长度变化测量的传感器的性能可以超过常规电子器件。

④光纤传感器横截面小，纵截面低，减少在井筒中所占的空间，方便井下安置。

⑤复用能力强，可实现对一线多点、两维点阵或空间分布的连续监测。

由于光纤是玻璃制成的，虽有铠装等多层防护，在作业中也需特别注意保护。

（3）应用情况。

2016年相国寺储气库在一口监测井、一口采气井中安装了光纤压力温度监测系统，与电子压力计所测数据对比，该系统运行良好。

二、油套管监测

1. 挂片监测技术

腐蚀挂片是最经典的腐蚀监测技术，测试原理是失重法，即，将已知质量的金属试片置于井下或者井口，一定时间后取出，根据试样质量变化计算出平均腐蚀速率。

井口腐蚀挂片是将腐蚀挂片挂在井口附近，在直接反应井口腐蚀情况的同时，通过井筒腐蚀规律，间接反应井底腐蚀情况。

井下挂片是将井下悬挂工具和腐蚀挂片结合，通过绳索作业利用悬挂工具将腐蚀挂片送到井下，一定时间后打捞回收。根据测试期间井口是否恢复正常，井下挂片分为钢丝悬挂和悬挂器投放两种工艺。

挂片腐蚀监测的优点是测量准确，可根据腐蚀产物确定腐蚀类型；缺点是测量周期长，反映的是较长一段时间内的总腐蚀结果。

2. 电磁探伤技术

电磁探伤仪的物理基础是电磁感应原理，即法拉第电磁感应定律。给发射线圈—绕线螺线管通以直流电，在螺线管周围产生一个恒定磁场，当断开直流电后在螺线管周围产生一个与同源磁场方向相反的磁场，该磁场在线圈中产生一个随时间而衰减的感应电动势，进而在油管及套管中产生感生电流。套管或油管中所产生感生电流的大小由套管或油管的形状、位置及材料的电磁参数决定，而接收线圈中的磁场强度和磁通量变化率受感生电流大小的影响。因此，接收线圈中感生电动势是套管或油管的形状、位置及其材料电磁特性的函数，对这个感生电动势进行分析计算，便可得出油管和套管的厚度、裂缝及变形情况。

国内运行时间较长的大港储气库将电磁探伤作为油套管损伤情况的普查手段，通过定期普查，了解油套管的腐蚀状况。

3. 井径测量技术

多臂井径仪是评价管内问题的成熟产品，按测量臂个数的不同，分为$X\text{-}Y$井径、八臂、十臂、三十臂、四十臂、六十臂等，但其测量原理基本相同，就是把油套管内径的变化通过机械传递转变为电位差变化或频率信号输出。

多臂井径仪的优点是它的各臂有独立的传感器，可以探测到套管不同方位上的形变，如四十臂井径仪下井一次，同时测量变形界截面中最小和最大直径两条曲线，最大井径可以指出套管的剩余壁厚，最小半径则指出通径；三十六臂和六十臂井径仪下井一次，测量套管同一截面中的三个部分，方位角相差120°，记录每一部分的最小和最大井径值共计6条曲线。用记录到的6条曲线，展开成像、圆周剖面成像、柱面立体成像清晰反映井下套管的受损情况，确定套管变形、弯曲、断裂、孔眼、内壁腐蚀及射孔深度。对于高温高压等苛刻井况，可通过提高材质等级满足测试要求。井径仪在国内储气库应用普遍，老井套管评价时广泛使用该技术。

井径仪的不足之处是无法提供外部腐蚀信息，而且测量结果会受管内壁结垢的影响。

4. 井温噪声测井技术

井温测井与噪声测井联合使用的综合测井方法，检测套管泄漏点。

井温测量原理是温度传感器的电阻或电压与温度成函数关系，因此温度变化转化为传感器电阻或压力的变化，进而通过解释压力变化、频率变化描述井底温度变化情况。

噪声测量是利用井下流体流速不同或单相、两相流动时产生的噪声幅度不同进行测量的。井下的压电石英晶体声呐探测器能分辨振幅为 10^{-5}psi 的压力振动。

井温噪声测井的过程是先测井温剖面，对井温剖面曲线上的异常部位测噪声曲线。噪声测井时由于仪器移动会产生声音，因此都采用定点记录，在每个深度点上记录四个数据。两个测点的距离先选为3~6m，测量后对重要部位使用0.3m左右间隔重新测量，以获得更详细资料。

德国储气库用高精度井温测井确定漏失点。

三、储气库井筒监测实例

1. 金坛储气库油套管监测技术

金坛盐穴储气库是我国建设的第一座盐穴地下储气库，最先投产的几口井在采卤溶腔基础上，经套铣改造、注气排卤、重新完井后开始投产，对井下管柱的腐蚀情况缺乏了解，影响了生产运行安排等工作（袁进平，2009）。

（1）生产管柱腐蚀监测技术现状。

①管柱腐蚀环境。

金坛储气库来气为西气东输管道气，CO_2 含量最高达到0.68%，在最高腔体压力17MPa时 CO_2 分压0.12MPa。根据腐蚀学会标准，CO_2 分压 0.025~0.12MPa 时管柱工作状态属于中度 CO_2 腐蚀。

金坛注采井产出水化验分析，Cl^- 含量1g/L，产出水的pH值为6。Cl^- 增加了腐蚀风险；pH值与N80管材腐蚀速率关系有关研究表明，当N80钢材处在酸性环境中时，腐蚀速率较高，腐蚀较为严重，酸性越强即pH值越低，腐蚀越明显，当pH值增大到碱性时，腐蚀不明显，腐蚀速率很低并基本保持不变。

金坛储气库注入气含 CO_2，采出气带水，二氧化碳处在水环境下。溶解水中的 CO_2 产生的 HCO_3^- 离子，将对N80注采管柱腐蚀速率产生影响。

②注采管柱腐蚀情况预测。

用生产数据进行了井筒腐蚀预测，模拟不同井的井筒腐蚀情况。模拟预测表明，井底腐蚀速率稍高于井口，但井底和井口的腐蚀速率在同一数量级内，因此可以用井口腐蚀速率预测井筒腐蚀情况。

③注采管柱腐蚀监测措施。

金坛储气库自 2007 年投产到 2017 年,未进行过注采管柱的修井作业,也未进行管柱检测,因此生产管柱腐蚀、损坏情况不明确。

(2)生产管柱腐蚀监测试验。

①注采管柱腐蚀监测方案设计。

参考现场其他测试作业实践,结合工艺应用情况、安全和经济性及监测对注采生产的影响,同时基于监测系统本身考虑,决定采用井口挂片方法对井筒腐蚀进行监测与分析评价。

采用挂片监测腐蚀,用连接件将挂片固定于采气树帽上法兰,并向下伸入到采气四通气流通道,经过一段时间注采气后取出挂片进行检测,分析腐蚀情况。在挂片法兰上安装压力温度计,并结合在挂片安放前对井下压力、温度进行的带压测试,完成井筒压力与温度监测评价,同时为腐蚀分析提供配套数据。

②试验方案。

对井口采气树帽法兰进行改装,内侧通过连接杆件放置腐蚀监测挂片。装回采气树后,挂片位于采气四通中上部,以充分接触注采气体。基于现场情况和监测配套考虑,在井口外侧钻孔安装压力温度计,并结合井下带压测试完成监测期间井筒压力温度数据的分析评价。

整体安装结构示意图如图 7-2-1 所示,挂片组件结构图如图 7-2-2 所示。

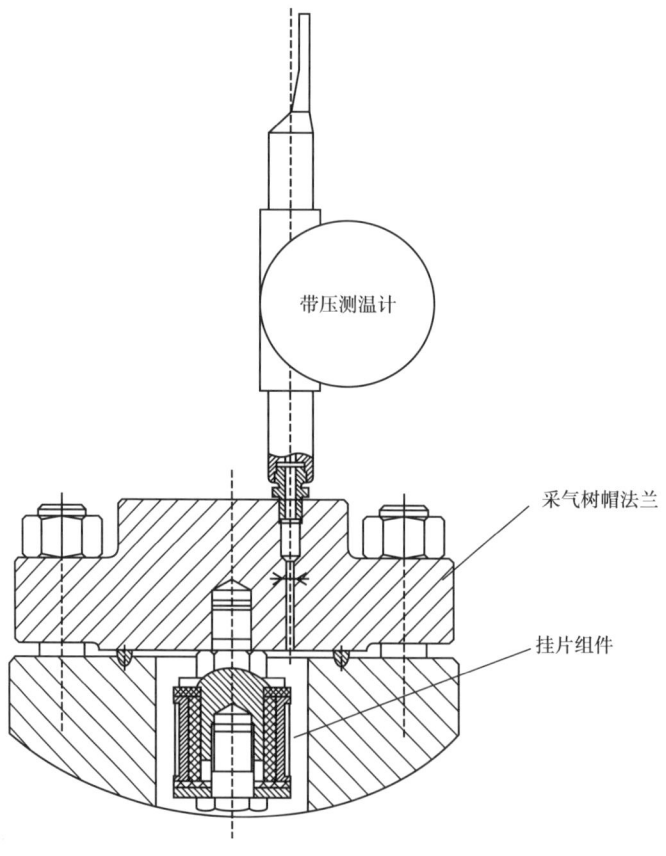

图 7-2-1 井口腐蚀及压力监测工具图

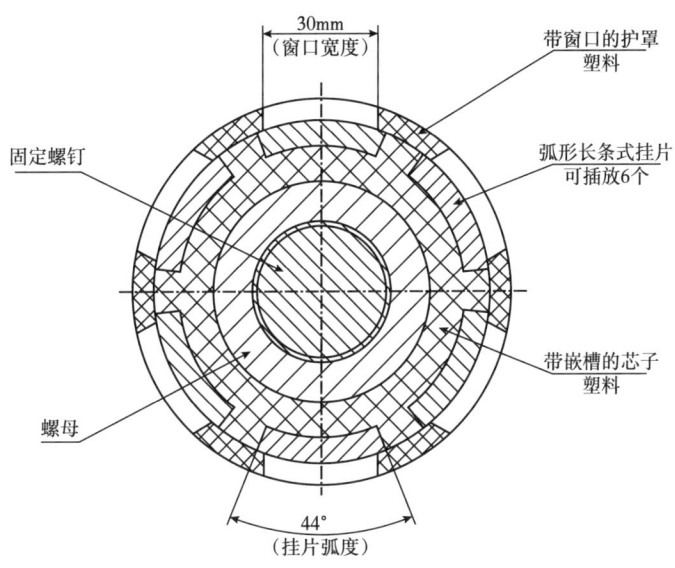

图 7-2-2 挂片组件结构图

③试验周期与计划安排。

鉴于二氧化碳腐蚀与水环境密切相关,而储气库注入气为干气,因此预计采气阶段井筒腐蚀相对较为严重。为加强监测与对比分析,试验 5 井次,井况分别为采气工况 3 井次和注采气综合工况 2 井次。

(3)生产管柱腐蚀监测试验评价。

腐蚀结果对比表明,5 口井管柱均匀腐蚀程度全部为轻度,点蚀程度以轻度为主,腐蚀监测结果数据见表 7-2-1。腐蚀程度界定标准件表 7-2-2 所列标准 NACE SP0775—2013。

表 7-2-1 5 口井腐蚀监测结果数据表

井号		JKA	JKB	JKC	JKD	JKE
监测时间 /d		40	40	40	80	80
生产工况 /d		采 35+ 关 5	采 35+ 关 5	采 35+ 关 5	采 22+ 关 58	采 19+ 关 56+ 注 5
平均生产气量 /($10^4 m^3/d$)		采 31.33	采 35.59	采 38.69	采 56.19	采 57.26+ 注 51.46
期间温度 /℃	平均	12.9	13.1	12.8	8.76	8.84
	最大	39.2	38.9	39.2	42.4	43.0
	最小	-3.4	-3.9	-3.4	-9.1	-7.7
期间压力 /MPa	平均	11.825	11.536	11.763	12.460	12.139
	最大	15.635	15.458	15.649	13.494	12.686
	最小	8.780	9.249	9.373	8.473	8.671
均匀腐蚀速率 / (mm/a)		0.0045	0.0056	0.0044	0.0051	0.0015
均匀腐蚀程度界定		轻度	轻度	轻度	轻度	轻度
点蚀速率 / (mm/a)		0.1156	0.1369	0.2281	0.0456	0.0327
点蚀程度界定		轻度	中度	重度	轻度	轻度

表 7-2-2 NACE SP0775—2013 腐蚀程度界定标准

腐蚀程度分级	均匀腐蚀速率/(mm/a)	点蚀速率/(mm/a)	依据标准
轻度	< 0.025	< 0.13	NACE SP0775-2013
中度	0.025~0.12	0.13~0.20	
重度	0.13~0.25	0.21~0.38	
严重	> 0.25	> 0.38	

腐蚀产物分析表明，挂片腐蚀主要是由于井筒内凝析水和 CO_2 气体共同导致的均匀腐蚀及点腐蚀，且表面腐蚀产物以 $FeCO_3$ 为主。

不同井深处腐蚀情况预测表明，不同深度处的腐蚀速率值相差很小，如图 7-2-3 所示。

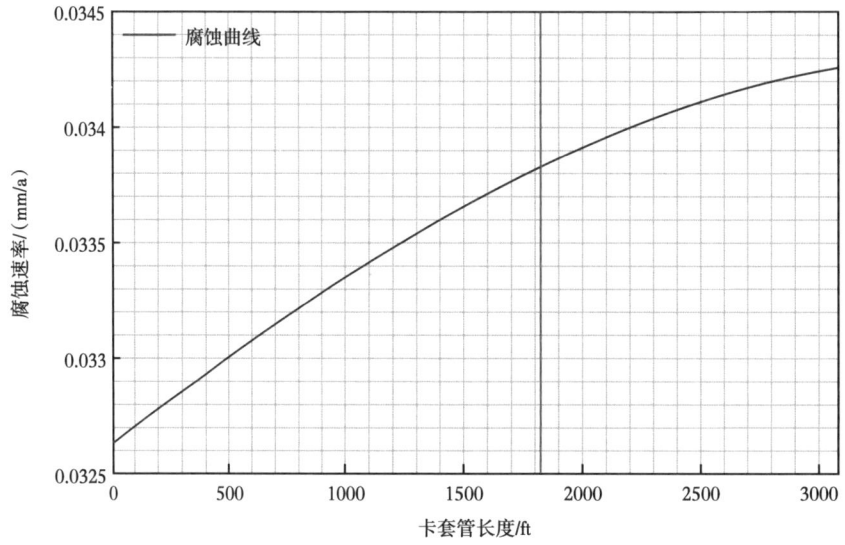

图 7-2-3 井筒腐蚀预测曲线

井筒腐蚀监测试验与研究表明，金坛储气库井下管柱腐蚀状况可控。该试验了解了盐穴储气库目前井筒腐蚀状态，完善了井筒监测体系与技术方法，为现场注采生产运行、动态分析和评价提供了基础数据与技术支持。

2. 相国寺储库监测系统

温度压力是包括储气库井在内的所有气井的重点监测参数，是了解气井生产动态的重要指标。通过测量的温度梯度，可以检查、监测气体的泄漏位置。如果测量的温度梯度在某个位置出现异常，可以通过进一步分析或/和测试来确定泄漏位置。监测工艺分为井口监测工艺、井下存储式监测工艺、井下永置式监测工艺。

（1）电缆永置式井下监测系统。

相监 4 井采用了电缆永置式监测工艺，成功实现井下压力温度的实时、连续性监测，为储气库安全高效运行提供技术保障。

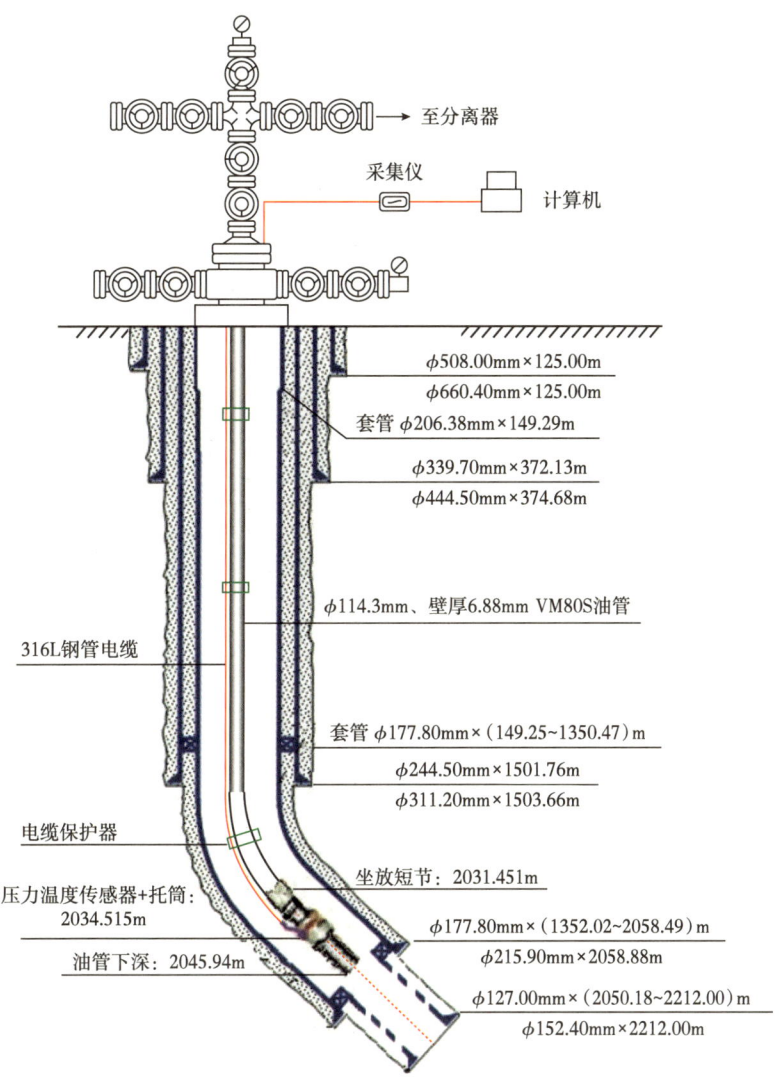

图 7-2-4 相监 4 井电缆永置式完井管柱结构示意图

（2）光纤永置式井下监测系统。

相监 1 井、相储 10 井采用了光纤永置式监测工艺，成功实现井下压力温度的实时、连续性监测。

管柱结构：井下安全阀 +114.3mm 气密封螺纹油管 +2# 压力计托筒 + 可穿越封隔器 + 坐放短节 + 剪切球座 +ϕ73mm 筛管 +1# 压力计托筒 +ϕ73mm 筛管 + 管鞋；

井下安全阀：80m 左右，在 206.4mm 油层套管中；

穿越封隔器：2450m 左右，喇叭口以上 20m；

坐放短节：封隔器以下 1 根油管；

剪切球座：坐放短节下 1 根油管；

2# 压力计托筒：封隔器以上；

1# 压力计托筒：产层中部；
管鞋及光纤：产层底部。

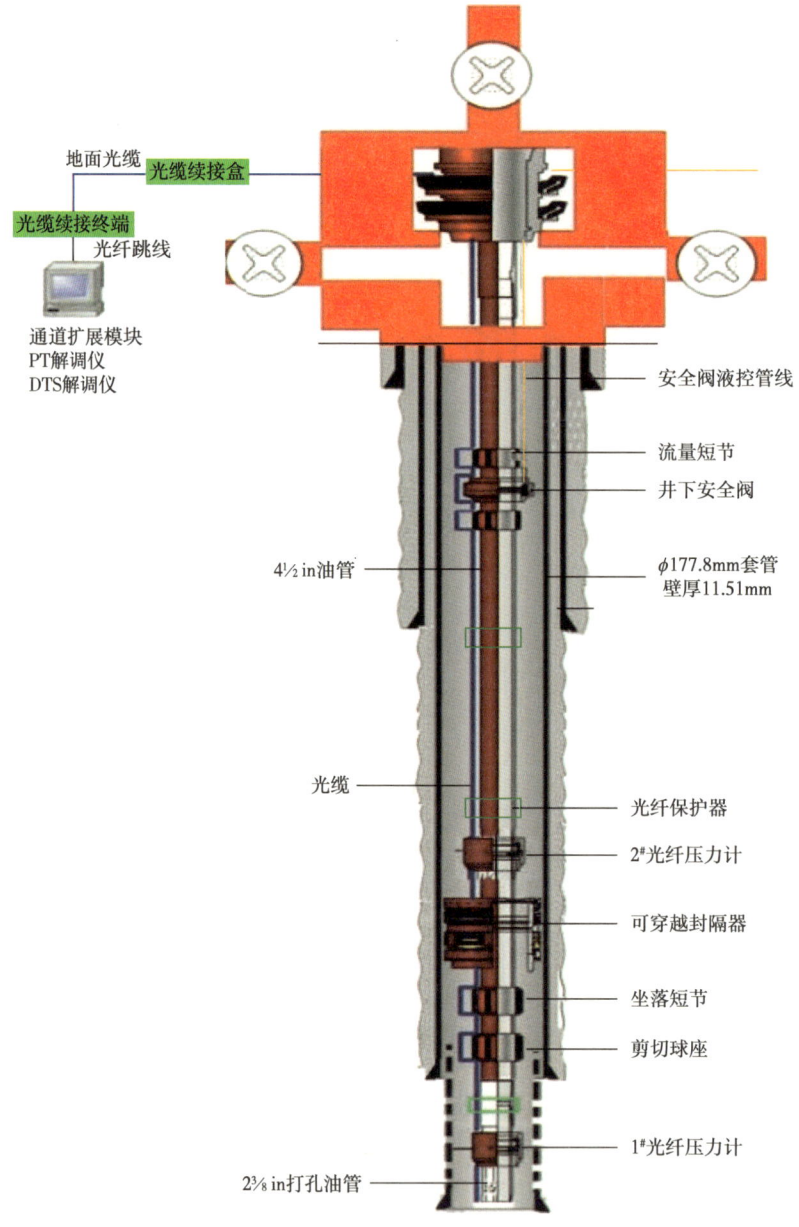

图 7-2-5 相监 1 井、相储 10 井光纤监测管柱结构图

第三节 环空压力监测及处理技术

一、环空带压的原因

油套环空异常带压会增加压力监测与井口放压的成本，甚至需要通过关井或修井来解

决该问题，严重时需要封井处理，有时会导致整口井甚至整个井组报废。油套环空流体可能会泄漏到生产套管外的其他空间，破坏整个井筒的完整性。环空带压可能带来严重的安全和环境问题，必须引起高度重视。

1. 油套环空带压原因

（1）热致压力。

当采气开始或调整时，由于井筒温度升高导致环空中流体发生膨胀而产生压力。这种压力可能泄压或保持，取决于设计或作业基本原理。一旦泄压，如果没有温度的进一步升高，热致压力不会恢复。

（2）人为施加压力。

有时因为各种作业目的，需要在油套环空中人为施加压力。基于作业计划或井的功能，这种压力可能是暂时压力，也可能是永久压力。与热致压力一样，一旦泄压，这种压力也不能恢复。在储气库生产中，大港储气库在环空保护液上部注入一段氮气，有效降低了生产工况变化导致的油套压大幅度变化。

（3）持续环间压力。

持续环间压力主要是由井屏障失效形成的非预期流动通道引起。这些连通通道包括两方面：①流体流动联通路径：油管连接泄漏，油管管柱穿孔（或断裂），化学药剂注入工作筒或控制管线，封隔器密封泄漏以及井口装置和/或井口的密封件、穿过井口的管线或连接泄漏；②油层套管悬挂器泄漏，油管悬挂器泄漏，油层套管管柱失效（损坏、连接泄漏、腐蚀穿孔、尾管顶部失效等），外部环空固井密封失效与油层套管管柱泄漏相结合，外部环空未固井部分与层套管管柱泄漏相结合。

在以上三种类型的套管环空压力中，持续环空压力（SCP）是唯一一种泄压后可以恢复压力的类型。

2. 技套及其他外层套管环空带压原因

（1）油管和套管泄漏。

油管的泄漏会导致严重的环空带压问题。生产套管可以防止油管泄漏后气体的进一步无控制流动，但如果生产套管密封失效，则从油管进入油套环空的气体会进入技套环空，引起技套带压。

（2）固井密封失效。

①顶替效率差。

提高顶替效率是保证层间封隔和防止环空带压问题的一项重要措施。固井的主要目的是对套管外环空进行永久性封固，为满足这一要求，就必须彻底驱替环空内的钻井液，使环空充满水泥浆。如果驱替钻井液不彻底，就会在封固的产层间形成连续的窜槽，而使层与层之间窜通，影响封固质量。水泥胶结和密封的持久性也与顶替效率有关，防止环空带压的第一步就是要提高固井时的顶替效率。国外研究表明，一般来说顶替效率达到90%时固井质量良好；顶替效率达到95%时，固井质量优质。

②水泥浆设计不合理。

水泥浆设计不合理主要表现在以下几个方面：水泥浆失水量高；浆体稳定性差，自由水量高；水泥石体积收缩大；设计水泥浆时只考虑其性能满足施工要求，未考虑水泥石（如杨氏模量、泊松比等）的力学性能由于井下温度、压力、应力变化能否满足长期封隔的需要。一般来说，如果水泥石的杨氏模量大于岩石的杨氏模量，套管内温度及压力发生较大变化时，水泥环很可能会发生拉伸断裂。

③由于井下条件变化导致水泥环密封失效。

环空带压可在固井后较长一段时间内发生，有的井固井后质量检测结果很好，可是由于后期钻井作业的影响，或后期增产作业的影响，在没有化学侵蚀的条件下，水泥环本身的机械损坏、套管与水泥之间的胶结失效或水泥与地层之间的胶结失效会破坏层间封隔。水泥环的机械损坏会导致裂缝出现，而胶结失效会导致微环隙形成。两种作用均产生可通过任一种流体的高传导通道。水泥环本身的机械破坏可能由井内压力增加（试压、钻井液密度加大、套管射孔、酸化压裂、采气）所引起，还可能由井内温度较大升高或地层载荷（滑移、断层、压实）所造成。出现层间封隔失效的另一种原因是微环隙形成，微环隙既可在套管与水泥之间出现（内微环隙），也可在水泥与地层之间形成（外微环隙）。这可能是因井内温度和（或）压力变化使套管发生径向位移而引起，特别是当水泥凝固后井内压力或温度降低时，水泥体积收缩会引起外微环隙出现。

（3）井口密封装置/密封泄漏。

二、环空压力处理流程

国内储气库在总结国内外储气库经验、借鉴常规气井有益做法的基础上，考虑储气库生产特点，形成了一套储气库注采井环空压力处理流程。

1. 确定环空压力界限值

环空压力异常时要考虑环空压力界限值—最大允许环空压力。最大允许环空压力的确定以 API RP 90-2《海上油气井环间压力管理》中简单降压法为基础，结合套管头压力等级和储气库注采井封隔器工作压力工况变化情况，计算出其值，见表 7-3-1。

表 7-3-1 储气库井最高允许环空压力计算表

推荐以下 5 个压力中的最小值，作为套管环空的最高允许井口操作压力上限				
内层管最小破坏压力的 75%	套管管柱最小内屈服压力的 50%	相邻外层套管最小内屈服压力的 80%	套管头工作压力的 60%	封隔器工作压力的 75%
推荐以下 2 个压力中的最小值，作为最外部套管柱的最高允许井口操作压力上限				
套管最小内屈服压力的 30%				内层管最小破坏压力的 75%

2. 识别压力源

环空压力异常时应先识别压力源：热致环空压力或持续环空压力。

应观察环空压力变化规律或者环空泄压情况，判断是否为温度变化引起的环空压力异常升高：如果环空压力在采气初期快速升高至一定值后保持稳定，停止采气环空压力下降，并按此规律反复出现，或者环空压力泄放后 24h 内不起压，则为热致环空压力。环空压力泄放后恢复，为持续环空压力，持续环空压力通常因井屏障组件泄漏引起。如果持续环空压力高于最高允许环空压力值，需要泄放。

3. 判断泄漏位置

根据压力下降及压力恢复的特点，可以较为准确地判断环空压力产生的原因。

（1）如果泄漏点在油管柱上，环空压力泄放时具有如下特征：

①油管螺纹渗漏：A 环空泄压（泄放至 0 或者某一值）后 24h 内缓慢恢复至某一低值

（低于泄放前压力值）；

②油管本体、工具泄漏：A环空压力无法泄放，或者泄放至0或者某一值后48h内恢复原值。

③油管挂密封不严：油压与套压同步变化明显，A环空压力无法泄放，或者泄放至0或者某一值后24h内恢复原值。

（2）如果泄漏点在生产套管柱上，A环空泄压时B环空出现压力响应，环空压力泄放时具有如下特征：

①套管本体泄漏或套管头不密封：B环空压力与A环空压力接近，B环空泄压后几小时恢复至原值；

②套管螺纹不密封：B环空压力低于或接近A环空压力，B环空泄压后几天恢复至原值；

③水泥环密封性受损：B压力接近静压，B环空泄压后长时间波动恢复至原值。

（3）A、B环空泄压时间间隔要超过三天，A环空先泄放，B环空后泄放，以观察环空间的连通性和判断泄漏途径。

4. 泄放流体取样

套压泄放时，对套管排放流体取样，进行物理化学检测，判断流体来自储气库储层或其他产层，帮助分析压力源。

5. 环空泄压后生产管理

（1）油管螺纹、套管螺纹渗漏的井，可继续生产，需加强环空压力监测，可多次泄压，泄压时尽量减小泄放速度；

（2）油管本体、井下工具泄漏、套管本体泄漏或者套管头不密封的井，A环空压力泄能放至0，恢复时间超过24h，可继续生产，需加强环空压力监测，同时监测泄漏速率。如果环空压力泄放不掉，且泄放后短时间内压力（小于24h）恢复至或高于最高允许环空压力的井，应及时采取修井作业。

（3）如果水泥环密封受损，则很难实施补救措施，需要评估其严重程度，并判断是否会导致套管密封完整性遭到破坏。

为了便于操作和使用，编制了环空压力处理流程图，如图7-3-1所示。按流程处理环空带压问题，便捷高效。

三、环空压力预防及控制技术

1. 环空压力的预防技术

（1）提高固井质量。

要实现可靠的层间封隔，避免层间气窜，提高固井质量。首先，通过保证良好的钻井井眼条件、性能优异的钻井液，完钻后的认真通井、洗井，下套管时保证较高的套管居中度，固井施工中适度活动套管，筛选综合性能好的前置液体系，设计合适的固井施工排量，提高固井时水泥浆体系的顶替效率。其次，根据封固地层的特性及井下条件设计出满足封固质量要求的水泥浆体系，例如，水泥浆有较低的失水量（小于50mL），较低的基质渗透性，短的过渡时间和快的强度发展，同时浆体稳定性好，水泥石体积不收缩。另外，有些特殊性能的水泥也可以预防环空压力的产生，例如，斯伦贝谢（Schlumberger）公司将研究出的FUTUR活性固化水泥技术可以解决环空带压问题。FUTUR活性固化水泥采用常规固井工艺，将FUTUR活性固化水泥作为领浆及尾浆注入即可。FUTUR活性固化水泥具有自修复特性，当发生气窜时，不需要人工干预，FUTUR活性固化水泥会自动活化，将裂缝封堵。该技术已成功应用德国、意大利地下储气库井。

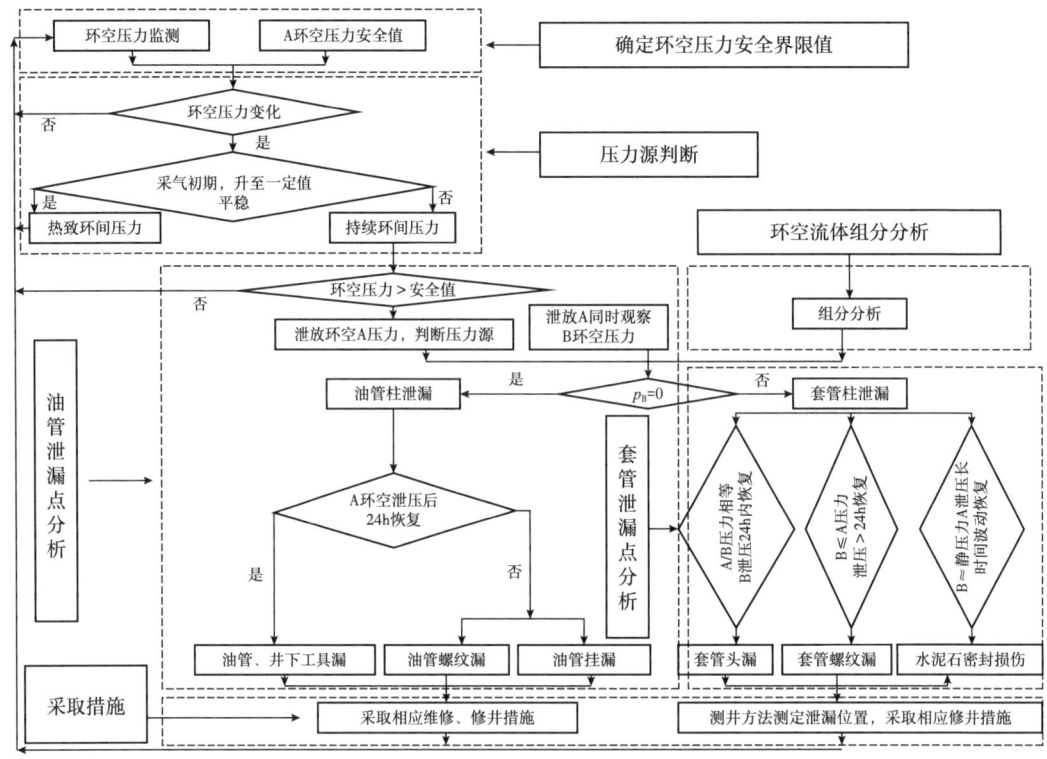

图7-3-1 环空压力处理流程图

（2）提高生产管柱密封性。

优选气密封油管，减少螺纹泄漏风险。优选合适的气密封螺纹类型，通过科学的设计和优良的加工质量以及严格的使用操作规范来保证油管螺纹接头的优良性能。

优化注采管柱，优选井下工具，提高管柱整体密封性。

优化施工工艺，减少诱发和加剧腐蚀的因素，杜绝腐蚀穿孔泄漏。例如，油管在完井作业起下过程中使用大钳，油管接箍及相邻区域的外表面会受到机械损伤和看不见的晶格变形。因此根据CO_2腐蚀试验结果和牙痕损伤机理，储气库注采井油管上扣宜选用无牙痕或微牙痕油管钳，减少机械损伤，防止可能的电偶腐蚀。

总之，通过各种技术和工艺措施，提高管柱密封性，降低气体渗漏或泄漏可能性，降低环空带压风险。

（3）遇油气膨胀封隔器。

根据不同情况，可以在套管上安装一个或几个封隔器。封隔器随套管下入，不需要坐封压力，膨胀器遇油气就会发生膨胀。在胶结不好的部位、窜流通道或微环隙，封隔器膨胀都会建立起良好的密封，来阻止层间以及气层到井口的窜流。遇油气膨胀封隔器可膨胀至其体积的2倍，不但能封闭窜流通道，并且能承受压差。未激活时，封隔器处于潜伏状态，水泥环出现封隔失效时，工具遇油气膨胀会自动封闭窜流通道。

（4）环空注氮技术。

为了防止油管和套管腐蚀，平衡封隔器上下及油管内压力，通常会在油套环空中注满保护液。在天然气的注采过程中，油管内的流体温度、压力不断变化，引起油管膨胀及密闭环空中保护液体积变化，在环空充满或基本充满保护液的情况下，将导致油套环空压力急剧变化。当套压变化超过生产套管的承压能力或井下封隔器的承压极限时，可能导致生产套管被压漏或封隔器密封被损坏，气体泄漏进入环空，带来安全风险。

考虑氮气的可压缩性和稳定性，在环空保护液之上注入一定数量的氮气，可以有效降低注采过程中生产工况变化导致的套压变化幅度，防止套压超高，改善井下封隔器的工作环境。注采过程中套压值与注入氮气柱的长度有关。氮气柱越长，套压变化越小，当氮气柱长度超过 100 m 时，套压的变化量逐渐减小。研究结果表明：环空氮气柱长度范围宜选取 100~200m，环空保留氮气压力在 3~5MPa，可有效减缓注采变化引起的套压波动，平衡管柱受力，减少气体泄漏风险。

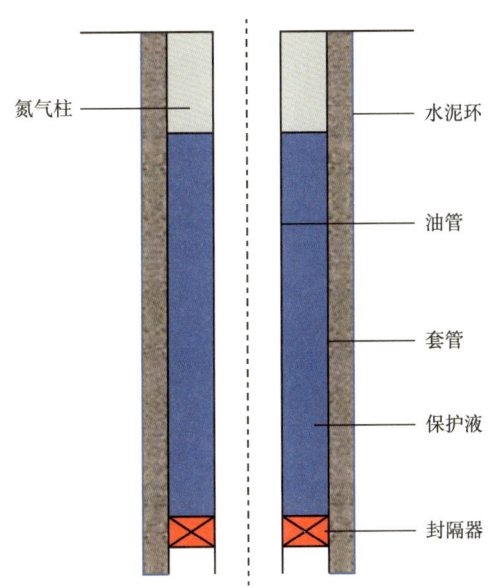

图 7-3-2　储气库井油套管环空加注氮气示意图

（5）维持环空保护 pH 值，减缓油套管腐蚀程度。

在保持环空保护液 pH 值为 10 的基础上，加入了缓蚀剂。储气库注采井使用寿命长，生产中可能有气体进入油套环空，其中少量的 CO_2 产生的氢离子会消耗保护液中的氢氧根，增加保护液的腐蚀性。环空保护液中加入的缓蚀剂，可以根据腐蚀环境的变化，自动补充氢氧根离子，稳定 pH 值，减缓油管外壁和套管内壁的腐蚀。

2. 环空带压的处理技术

（1）环空挤水泥。

针对套管外环空带压问题，常规的补救方法是环空挤水泥作业。在环空注入或挤入水泥来封闭水泥环中的裂缝和窜流通道，根据裂缝、通道的位置、孔隙度、渗透率的不同，挤水泥作业也有可能封闭不了气窜的通道。

（2）压力活性密封剂。

W&T 海洋公司在墨西哥湾的气井上应用了压力活性密封剂，以经济、安全地消除环空带压问题。与常规修井作业相比，每口井可以节约 100 万美元。压力活性密封剂的作用机理与血液在伤口处的凝结类似。密封剂在进入窜流通道前处于液体状态，在存在压差窜流通道的点，配方中的单体和聚合物在配方中发生化学聚合交联。反应过程中，聚合交联剂黏附在窜流通道上并不断连结，密封整个窜流通道，聚合后的密封剂在窜流通道上呈纤维状。现场实践证明，该方法成功率高，成本低。

（3）更换管柱作业技术。

对于油管柱泄漏引起的环空带压，特别是套压升高到与油压基本一致的情况，可通过更换油管柱作业，消除油套环空带压。对于套管密封发生问题而导致的技套轻微带压，套管上的泄漏通道存在一个启动压力。即如果油套环空压力不超过某一值，油套环空中气体不会渗漏进入技套环空。因此，通过油管柱住更换作业可以消除这种原因导致的技套带压。

（4）环空压力泄放。

为了解除部分注采井环空压力较高状况，常常采取放压外排处理方式。外排的环空气体，一部分是直接点火排放于大气中；也有将排放气体接入采气系统，减少空气污染，大港储气库就对井口管线进行改造，将环空排放气接入了采气系统。

参 考 文 献

蔡佩磊, 2008. 高产气井油管柱振动与变形研究 [D]. 北京: 中国石油大学 (北京).

蔡亚西, 李黔, 黄桢, 1998. 油管柱固液耦合振动分析 [J]. 天然气工业, 18 (3): 54-57.

蔡亚西, 施太和, 王幼金, 1998. 连续油管柱振动分析 [J]. 西南石油学院学报, 20 (1): 59-61.

常雪彤, 2019. 致密油储层非均质性测井定量表征技术研究 [D]. 西安: 西安石油大学.

陈家晓, 2015. 气井井下挂片腐蚀监测工艺研究与应用 [J]. 石油与天然气化工, 44 (1): 63-66.

陈玉婷, 赵晨晖, 冯超, 等, 2020. 深水高产油气田智能完井与防砂一体化技术的应用 [J]. 石油工程建设, 46 (S01): 4.

丁建东, 练章华, 丁熠然, 等, 2018. 储气库注采管柱静、动力学安全性评价及软件开发 [J]. 石油钻采工艺, 40 (2): 215-221.

丁建东, 练章华, 丁熠然, 等, 2019. 储气库注采管柱振动模拟试验及振动规律分析 [J]. 石油管材与仪器, 26 (2): 30-34.

丁建东, 王志彬, 李颖川, 等, 2012. 苏桥储气库生产井井下节流技术合理气水比研究 [J]. 石油钻采工艺, 34 (1): 78-81.

丁建东, 杨永祥, 丁熠然, 等, 2017. 苏桥地下储气库群注采工程风险与安全保障体系 [J]. 天然气工业, 37 (5): 107-113.

丁建东, 杨永祥, 丁熠然, 等, 2016. 苏桥储气库注采工程风险分析与安全保障 [C]. 2016 年天然气学术年会, 银川.

豆宁辉, 何汉平, 陈向军, 等, 2018. 国内外智能完井技术适应性分析及设计实例 [J]. 钻采工艺, 41 (3): 4.

方梦阳, 何建宁, 王万虎, 等, 2020. 一种基于 MATLAB 的碎屑岩粒度分析方法 [J]. 岩石矿物学杂志, 39 (4): 7.

管德, 1991. 非定常空气动力计算 [M]. 北京: 北京航空航天大学出版社.

郭呈柱, 刘翔鹗, 王浦谭, 等, 1995. 采油工程方案编制方法 [M]. 北京: 石油工业出版社.

何轶果, 2014. 连续油管动态监测技术在相国寺气库中的应用 [J]. 石油钻采工艺, 36 (5): 138-141.

黄桢, 2005. 油管柱振动机理研究与动力响应分析 [D]. 南充: 西南石油大学.

黄桢, 2010. 高含硫油气井油管柱的动力响应分析 [J]. 钻采工艺, 3 (6): 93-95.

黄桢, 2012. 天然气在油管柱内流动的漩涡分析与研究. 钻采工艺, 35 (1): 74-77.

雷群, 李隽, 赵捍军, 等, 2022. 储气库井安全高效注采关键技术与应用 [J]. 中国科技成果, 23 (13): 3.

李朝霞, 何爱国, 2008. 砂岩储气库注采井完井工艺技术 [J]. 石油钻探技术, 36 (1): 4.

李慧, 2017. 储气库耐蚀合金管材的环空保护液研制及应用 [J]. 腐蚀与防护, 35 (2), 91-95.

李杰, 2018. 相国寺储气库钻采工艺技术 [M]. 北京: 石油工业出版社.

李蓉, 2015. 油井腐蚀监测技术与防腐蚀措施初探 [J]. 化工管理, (21): 58-60.

李瑞涛, 2009. 高产气井完井管柱力学分析及施工技术研究 [D]. 西安: 西安石油大学.

李士斌, 任伟, 张立刚, 等, 2013. 综合考虑孔眼稳定及产能情况的射孔参数优选 [J]. 特种油气藏, 20 (6): 5.

李晓岚, 2010. 套管环空保护液的研究与应用 [J]. 钻井液与完井液, 27 (6): 61-64.

李臻, 程嘉瑞, 杨向同, 等, 2014. 超级 13Cr 钢冲蚀数值模拟与试验研究 [J]. 石油机械, 42 (11): 166-173.

李治, 2015. 储气库注采井完井保护液应用与分析 [J]. 石油化工应用, 34 (11): 74-76.

练章华, 魏臣兴, 宋周成, 等, 2012. 高压高产气井屈曲管柱冲蚀损伤机理研究 [J]. 石油钻采工艺, 34 (1):

6-9.

练章华, 徐帅, 丁建东, 等, 2018. 储气库注采参数与管柱临界屈曲载荷分析 [J]. 石油钻采工艺, 39（1）: 131-136.

梁春, 2000. 对抽油井油管柱振动规律的认识 [J]. 石油钻采工艺, 22（1）: 26-36.

梁涛, 2007. 油藏改建地下储气库单井注采能力分析 [J]. 西南石油大学学报, 29（2）: 157-160.

梁政, 邓雄, 余孝林, 1999. 高温高压深井测试管柱横向振动分析 [J]. 油气井测试, 8（4）: 5-10.

林国猛, 2008. 克拉玛依油田六中区调整井完井防砂技术研究与应用 [D]. 北京: 中国石油大学（北京）.

刘合, 曹刚, 2022. 新时期采油采气工程科技创新发展的挑战与机遇 [J]. 石油钻采工艺, 44（5）: 529-539.

刘剑辉, 2010. 大斜度高产气井完井管柱完整性分析与控制技术研究 [D]. 西安: 西安石油大学.

刘翔, 伊然, 周祥, 等, 2018. 贝叶斯网络方法在气井完井方式优选中的应用 [C]//2018 年全国天然气学术年会.

刘徐慧, 2017. 川东北元坝气田高温抗硫环空保护液研制与应用 [J]. 广东石化, 42（6）: 63-64.

卢斌, 李臻, 邹云, 2011. 油井管柱抗冲蚀性能研究进展 [J]. 化学工程与装备（10）: 159-160.

吕昊, 白雪, 曾晓献, 2012. 基于朴素贝叶斯的判别频率估计算法在油水层识别中的应用 [J]. 吉林大学学报（地球科学版）, 42（2）: 155-161.

吕拴录, 李元斌, 王振彪, 等, 2010. 某高压气井 13Cr 油管柱泄漏和腐蚀原因分析. 腐蚀与防护 [J], 31（11）: 902-904.

吕彦平, 2008. 气井油管柱应力与轴向变形分析 [J]. 天然气工业, 28（1）: 100-102.

潘丽娟, 2021. P110 与 P110S 钢在套管环空液中的腐蚀行为研究 [J]. 材料保护, 54（7）: 56-62.

彭文山, 曹学文, 2015. 固体颗粒对液/固两相流弯管冲蚀作用分析 [J]. 中国腐蚀与防护学报, 35（6）: 556-562.

皮艳慧, 2013. Microcor 腐蚀监测技术及其应用 [J]. 管道技术与设备（5）: 40-42.

施兴建, 吕世杰, 彭昕, 等, 2014. 枯竭型油气藏储气库射孔完井技术 [J]. 海洋石油, 34（2）: 5.

隋义勇, 林堂茂, 刘翔, 等, 2019. 交变载荷对储气库注采井出砂规律的影响 [J]. 油气储运, 38（3）: 303-307.

孙宜成, 2018. 抗 CO_2 腐蚀环保型油基环空保护液研究 [J]. 钻采工艺, 41（6）, 90-93.

汪雄雄, 2014. 榆林南地下储气库注采井完井管柱的优化设计 [J]. 天然气工业, 34（1）: 92-96.

王泉, 陈超, 哈斯亚提·萨依提, 等, 2022. 基于压力监测的水平井临界出砂预警模型——以新疆 H 储气库为例 [J]. 新疆石油地质（2）: 043.

王云, 2020. 储气库井用自修复环空保护液研究与应用 [C]// 第 32 届全国天然气学术年会论文集. 北京: 石油工业出版社.

王云, 2019. 新型高效环空保护液研究与应用 [C]// 第 31 届全国天然气学术年会论文集. 北京: 石油工业出版社.

王兆会, 2020. 大张坨储气库井油套管腐蚀规律分析 [J]. 石油钻采工艺, 42（6）: 791-796.

王治国, 李臻, 屈文涛, 等, 2014. 冲刷时间对 20Cr 在不同腐蚀性液固流体中的冲蚀速率影响研究 [J]. 科学技术与工程, 14（36）: 159-164.

武俊文, 2017. 储气库注采井环空保护液的研制与性能评价 [J]. 油田化学, 34（2）: 329-334.

许俊良, 宋维华, 任红, 2012. 老油区疏松地层取心关键技术研究及现场应用 [J]. 石油钻探技术, 40（5）: 26-29.

晏信飞, 曹宏, 姚逢昌, 等, 2012. 致密砂岩储层贝叶斯岩性判别与孔隙流体检测 [J]. 石油地球物理勘探,

47（6）：945-949.

杨建雷，2010. 水平井射孔完井工艺优化设计［D］. 东营：中国石油大学（华东）.

杨向同，周鹏遥，丁亮亮，等，2014. P110油管用钢液固两相流体冲蚀实验研究［J］. 科学技术与工程，14（30）：140-143.

杨行，2009. 高压气井高速流体诱发管柱振动特性分析［D］. 北京：中国石油大学（北京）.

袁光杰，2013. 国内地下储气库钻完井技术现状分析［J］. 天然气工业，33（2）：61-64.

袁进平，2009. 地下盐穴储气库注气排卤及注采完井技术［J］. 天然气工业，29（2）：76-79.

曾浩，2012. 普光高含硫气田环空保护液的研究与应用［J］. 西安石油大学学报，27（4）：87-90.

张慧，2008. 水平井完井方式与参数优选［D］. 东营：中国石油大学（华东）.

张强，2012. 高酸性气田腐蚀监测技术研究［J］. 石油与天然气化工，41（1）：62-65.

张瑞纲，陈辉，杨旭才，等，2016. 试论气井完井方法优选研究［J］. 化工管理（15）：1.

赵国仙，2011. 高温高压含CO_2气井管柱腐蚀冲蚀机理及防护［J］. 金属热处理，36增刊.

赵金龙，2018. 油管输送射孔井下封井技术研究［J］. 油气井测试，27（3）：46-51.

赵宪萍，朱崇武，孙坚荣，等，2015. 含CO_2气流对20号碳钢冲蚀磨损性能影响的试验研究［J］. 热能动力工程，30（1）：78-80.

赵晓辉，王珂强，2013. 井下管柱材料HP13Cr的气相冲蚀磨损研究［J］. 广东化工，40（12），18-20.

赵学芬，姚安林，赵忠刚，2006. 二氧化碳腐蚀影响因素的层次分析法［J］. 腐蚀与防护. 27（4）：191-193.

郑力会，2004. 新型环空保护液的腐蚀性研究与应用［J］. 石油钻采工艺，26（2）：13-16.

郑义，2010. 一种适应于含硫油气田环空保护液的室内评价［J］. 钻井液与完井液，27（2），37-39.

钟志英，2013. 新疆油田呼图壁储气库气井油套环空保护液性能研究与应用［J］. 新疆石油科技，23（1），45-46.

邹龙跃，2013. 采油工程方案设计［J］. 中国化工贸易，5（6）：2.

ABDULLAH S, Al-Yami, Jerome Schubert, 2012. Guidelines for optimum underbalanced drilling practices using artificial Bayesian intelligence［C］. Offshore Technology Conference.

AITEN J, 1878. An Account of Some Experiments on Rigidity Produced by Centrifugal Force［J］. Philosophical magazine（5）：81-105.

TIFFIN D L, KING G E, LARESE R E, et al., 1998. New criteria for gravel and screen selection for sand control［C］. Formation Damage Control Conference.